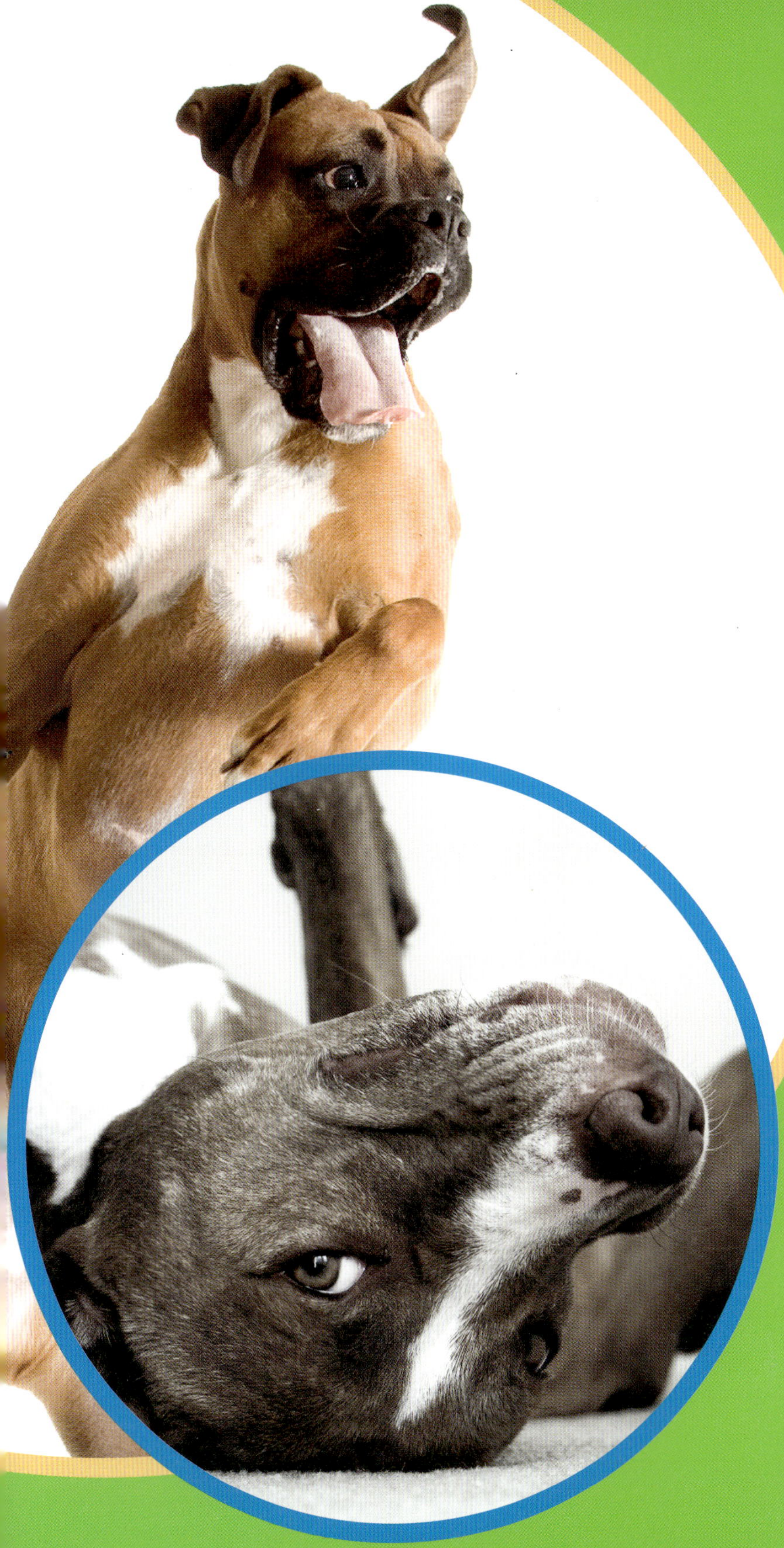

MARIA HENSE

DER HYPERAKTIVE HUND

animal Learn®
VERLAG

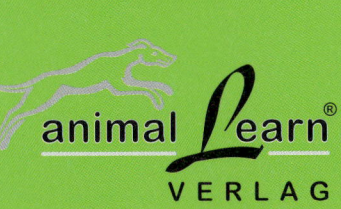

© 2010 MARIA HENSE, ANIMAL LEARN VERLAG

Alle Rechte, insbesondere das Recht der Vervielfältigung, Verbreitung und Übersetzung, vorbehalten. Kein Teil des Werks darf in irgendeiner Form (durch Fotokopie, Mikrofilm oder ein anderes Verfahren) ohne schriftliche Genehmigung reproduziert oder unter Verwendung elektronischer Systeme verarbeitet, vervielfältigt oder verbreitet werden.

4. Auflage, 2016
ISBN 978-3-936188-55-4
Lektorat: Susanne Artmann
Satz & Layout: Annette Gevatter, Riegel a.K.
Fotos: Annette Gevatter, André Huttenberger, Andreas Wille, iStockphoto, fotolia, photocase
Druck: FINIDR, s.r.o., Cesky Tesín, Tschechische Republik

Alle Rechte der deutschen Ausgabe:
animal learn Verlag, Am Anger 36, 83233 Bernau
email: animal.learn@t-online.de, www.animal-learn.de

INHALT

EINLEITUNG 6

TEIL 1 DEFINITION UND SYMPTOME 8

Ist Ihr Hund hyperaktiv? 9
Typische Symptome von hyperaktiven Hunden 11
Folgeprobleme 15
Verschiedene Begriffe für dasselbe? Hyperaktivität, Hyperkinese oder ADHS 16

TEIL 2 URSACHEN 19

Die inneren Vorgänge: So funktionieren hyperaktive Hunde 20
   Alles Stress, oder was? 20
   Liegt der Fehler im Kopf des Hundes? 22

Die Ursachen im Leben des Hundes: Es gibt nie nur einen einzigen Grund 27
   Veranlagung 28
      Gibt es hyperaktive Rassen? 29
   Die Bedingungen des Heranwachsens 31
      Vorgeburtliche Ursachen 31
      Die frühe Kinderstube 31
      Das große Abenteuer – der Umzug ins neue Heim 35
      Teenager auf vier Pfoten: Sind sie alle hyperaktiv? 36

Haltungsbedingungen und Erziehung 40
   Körperliche Erkrankungen: Der Tierarzt kann helfen 40
   Die Lebensumstände machen hyperaktiv 41
   Ursachen für Hyperaktivität 50

TEIL 3 THERAPIE BEI HYPERAKTIVITÄT 51

Ist Heilung überhaupt möglich? 52
Die Ziele der Therapie 53
Tiermedizinische Untersuchung 53
Das richtige Wissen: Als erstes lernt der Mensch! 53
Ungeeignete Maßnahmen 56
Schaubild Maßnahmencocktail 57
Der Maßnahmencocktail: Hier kommen die Zutaten 58

Überlebenstraining: So übersteht man den Alltag mit hyperaktiven Hunden 59
    Schritt 1: Die Liste schwieriger Situationen und das Calmometer 59
    Schritt 2: Management 61
    Schritt 3: Training der schwierigen Situationen 64

Stress-Management 66
  1. Erfüllung hundetypischer Bedürfnisse 66
    Sicherheit 68
    Ruhe/ Schlaf 68
    Geistige und körperliche Beschäftigung 69
    Sozialkontakte 70
  2. Sensorische Diät 70
  3. Entspannung 72
    Schlafen und Träumen 72
    Kontaktliegen 72
    Kauen 73
  4. Maßnahmen zur sofortigen Reduzierung der Aufregung 73
    Fressen 73
    Retten Sie Ihren Hund! 73
    Aufsuchen eines sicheren Ortes 73
    Erlernte Entspannungstechniken 73

Wichtige Werkzeuge: 74
- 1. Grundlegende Hinweise zur Anwendung der Werkzeuge 74
  - Starke Eindrücke: Der Mückenstich-Effekt 74
  - Klarheit macht gelassener! 74
  - Marker schaffen Klarheit 75
  - Konsequenz schafft Klarheit 75
  - Die Belohnungsliste: Wissen was wirkt 76

- 2. Die Werkzeugkiste 76
  - Ruhe fördern 76
  - Entspannung kann man trainieren! 77
  - „Kuscheltherapie": Berührungen und Massagen 84
  - Körperarbeit 86
  - Training, Training, Training – aber wie? 89
  - Integrierter Gehorsam oder: „Hunde brauchen Regeln" 90
  - Fokus-Übungen 92
  - Andere Beschäftigungen: Laufen, Laufen, Laufen 97
  - Desensibilisierung oder „Sozialisierung" für Erwachsene! 97
  - Training zur Steigerung der Frustrationstoleranz 100
  - Verbesserung der Impulskontrolle 101

- 3. So wird aus dem „Cocktail" ein Trainingsplan 102

ANHÄNGE 104

Anhang A Beispiele für schwierige Situationen und wie man mit ihnen umgehen kann 104
Anhang B Nützliche Signale für hyperaktive Hunde 130
Anhang C Der hyperaktive Hund im Training 152
Anhang D Ernährung und Medikamente 162
Anhang E Vorbeugung im Training und in der Welpenstunde 166
Anhang F Quellen und Literaturempfehlungen 169

EINLEITUNG

Sie kennen diese Hunde, die scheinbar unbelehrbar an der Leine ziehen, egal wie viel man mit ihnen an der Leinenführigkeit übt? Die jeden Menschen anspringen? Die zu Hause „über die Möbel tanzen"? Die in die Leine beißen und zerren – oder auch in Herrchens Ärmel? Die auf dem Hundeplatz stören, weil sie buddeln, kläffen, jedes Spielzeug zerstören? Bestimmt haben Sie auch schon einmal gedacht: Was für ein schlecht erzogener Hund! Wenn das meiner wäre, dann...

...hätte ich ihm Manieren beigebracht,
...würde ich das nicht aushalten,
...bekäme er endlich genug Bewegung,
...würde ich einen zweiten Hund anschaffen!

Die Halter und Trainer dieser Hunde wissen, dass es so einfach nicht geht. Sie haben in aller Regel schon viele Dinge ausprobiert, aber so richtig geholfen hat nichts. Bei meiner Suche nach Erklärungen und Lösungen für diese Hunde bin ich auf eine Menge Informationen gestoßen, die helfen, hyperaktive Hunde zu verstehen und mit ihnen umzugehen. Ich habe nützliche Informationen im Gespräch mit Kollegen, auf Vorträgen, in der Hundeliteratur und ganz besonders in Büchern über menschliches Verhalten gefunden.

Hyperaktivität beim Kind und bei erwachsenen Menschen ist in aller Munde. Es werden verschiedene Ursachen diskutiert und die Gabe von Medikamenten von einigen intensiv gefordert, von anderen verteufelt. Beim Menschen spricht man von ADHS: Aufmerksamkeitsdefizit- und Hyperaktivitätssyndrom und in der Medizin ist dieser Begriff sehr genau definiert. Die Verhaltensmedizin beim Hund steht hingegen bei diesem Thema erst am Anfang, scheint jedoch immer mehr Interesse daran zu finden! Ich finde es außerordentlich spannend zu erfahren, was in den nächsten Jahren an „Wissenszuwachs" hinzukommen wird!

Auch wenn man gewisse Rückschlüsse ziehen kann, eine genaue Übertragung vom Menschen auf den Hund ist nicht möglich, denn Hunde sind andere Lebewesen mit anderen Bedürfnissen und anderen Verhaltensäußerungen. Ihre Lebhaftigkeit ist zum Teil erwünscht und durch Zuchtbemühungen beeinflusst worden. Wir sehen unsere Hunde in ganz anderer Weise als Kinder oder erwachsene Menschen und beurteilen ihr Verhalten natürlich auch anders. An Hunde werden auch ganz andere Anforderungen gestellt: Wir erwarten eine hohe Bewegungsleistung in der einen Situation, absolute Ruhe in einer anderen, schnelle Reaktion auf kleinste Wahrnehmungen zu dem einen Zeitpunkt, und „Unsichtbarkeit", wenn wir ein paar Stunden ungestört sein wollen. Manche Halter fordern Lebhaftigkeit, hohe Bereitschaft zum „Arbeitseinsatz" und erwarten eine gewisse Reizbarkeit – andere möchten einfach einen geduldigen Begleiter, der bitte nicht durch störende Verhaltensweisen auffallen darf. Das macht die Beurteilung schwierig: Ist ein Hund hyperaktiv oder nicht? Leidet er gar unter ADHS?

Verschiedene Begriffe werden für den Hund intensiv diskutiert – damit beschäftige ich mich ausführlich am Ende des ersten Kapitels. Kurz gesagt: Es erscheint mir am fairsten, die Definition „hyperaktiv" am Verhalten des Hundes festzumachen – also an seinen Symptomen. Ist er besonders lebhaft? Und noch wichtiger: Leidet er oder leiden seine Menschen unter seinem Verhalten? Wenn diese Fragen mit „Ja" beantwortet werden können, dann erübrigen sich theoretische Diskussionen über Gehirnchemie – dann muss geholfen werden! Auch langwieriges Suchen nach Ursachen ist zu diesem Zeitpunkt – also beim Stellen der Diagnose „Hyperaktivität" – noch nicht sinnvoll, denn bei der Suche findet man oft eine ganze Reihe von Ursachen und Einflussfaktoren. Und es wird noch weitere geben, die man nicht findet.

Dieses Buch soll den Therapeuten, Trainern und Haltern solcher Hunde eine Hilfestellung sein. Es soll Verständnis für diese besonderen Hunde vermitteln, außerdem beinhaltet es Anregungen zum Umgang mit ihnen und eine Reihe von Maßnahmen zur Therapie!

Der Text beruht zu einem großen Teil auf meinen täglichen Beobachtungen im verhaltenstherapeutischen Alltag mit Hunden. Zusätzlich profitiere ich auch ganz erheblich von anderen Fachleuten. Meine wichtigsten Quellen werden im Anhang genannt!

DEFINITION UND SYMPTOME

TEIL 1   DEFINITION UND SYMPTOME

IST IHR HUND HYPERAKTIV?

„Hyperaktiv sein" bedeutet, dass ein Hund aktiver ist als ein „normaler" Hund seines Alters und/ oder seiner Rasse.

Ist jeder lebhafte Hund auch hyperaktiv?

Sie haben einen lebhaften Hund zu Hause? Keine Sorge! Das bedeutet nicht automatisch, dass Ihr Hund verhaltensgestört oder „krankhaft hyperaktiv" ist!

Stellen Sie sich die Vielfalt aller Hunde wie ein Maßband vor: Ganz links befinden sich die Dauerschläfer, die nur in den Garten gehen, um sich zu lösen, und sonst am liebsten mit Herrchen oder Frauchen auf dem Sofa sitzen. Ganz rechts befinden sich die Hunde, die ununterbrochen ungebremst aktiv sind, über Tische und Bänke springen, am liebsten im gestreckten Galopp unterwegs sind und dabei laut kläffen. In der Wohnung kommen sie selten zur Ruhe und reagieren auf kleinste Geräusche, die sie von draußen hören. Das Zusammenleben mit diesen Hunden ist für den Menschen oft nur schwer zu ertragen.

Zwischen diesen beiden Extremen befindet sich der Rest der Hunde. Zum Beispiel:

- Reno, der am liebsten schläft, ein- bis zweimal am Tag spazieren geht und sich für andere Hunde und sein Frauchen interessiert.

- Asta, die im Haus gerne schläft, aber auch bereit ist, für Futter zu arbeiten. Spielen mag sie nicht so gern. Auf dem Spaziergang ist sie hellwach und an ihrer Umgebung interessiert. Sie läuft selten in hohem Tempo.

- Ludwig ist zwölf Jahre alt. Wenn er abgeleint wird, macht er fröhliche Renn-Ausflüge, wenn auch nicht mehr so ausdauernd wie früher. Gern bringt er sein Bällchen, wenn es geworfen wird. Zu Hause liegt er herum – aber immer da, wo seine Leute sind. Er nimmt Anteil an der Gartenarbeit und „hilft" beim Kochen.

- Hummel ist ein Boxermischling in den besten Jahren. Es war nicht ganz einfach, ihm das ordentliche Gehen an der Leine beizubringen. Seine Menschen müssen alle Hundebegegnungen sorgfältig gestalten, sonst kann es sein, dass er bellt oder eine kurze Rauferei anzettelt. Nach jedem Spaziergang läuft er aufgeregt durch die Wohnung und braucht ein paar Minuten, bis er wieder zur Ruhe kommt. Wenn Besucher kommen, ist er ca. zehn Minuten lang unruhig, ehe er sich wieder hinlegen kann.

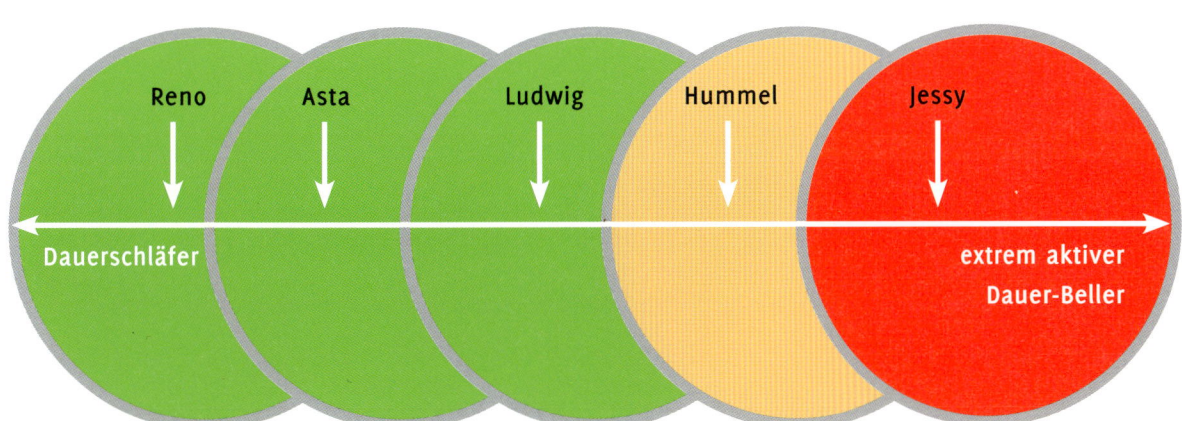

- Jessy hat Schwierigkeiten zur Ruhe zu kommen. Tagsüber schläft sie kaum. Stattdessen ist sie immer unterwegs oder spielt mit ihrem Ball. In der Wohnung bellt sie bei jedem Geräusch, das sie von draußen hört. Manchmal nagt sie nachts das Sofa an. Spaziergänge in der Siedlung oder im Wald sind eine Qual, weil Jessy ununterbrochen an der Leine zieht, hektisch von rechts nach links wechselt und allzu häufig etwas findet, das sie anbellen kann.

Irgendwo auf dieser Aktivitätsskala befindet sich Ihr Hund. Vielleicht ähnelt er Asta? Oder entspricht er eher Hummel?

Hunde, die ganz rechts auf der Skala eingeordnet werden, sind hyperaktiv. Jedem Beobachter wird schnell klar, dass sie aktiver sind als normale Hunde ihres Alters oder ihrer Rasse. Aber wo auf dieser Skala liegt die Grenze, hinter der alle Hunde hyperaktiv sind? Gibt es überhaupt genaue Maßstäbe, nach denen man urteilen kann: Dieser Hund ist hyperaktiv?

Folgende Kriterien sind wichtig:

- **Leidet der Hund?** Oder fühlt er sich wohl? Findet er Ruhe zum Fressen, Trinken und Schlafen? Ist er in der Lage zu einer friedlichen Kontaktaufnahme mit anderen Hunden und Menschen? Zeigt er Verhaltensauffälligkeiten wie zum Beispiel Schwanzjagen, Pfotennagen, gleichförmiges Bellen? Neigt er zu Erkrankungen wie zum Beispiel Hautveränderungen, Juckreiz oder Durchfall? Gibt es andere Anzeichen dafür, dass er in einer übermäßigen Stress-Situation lebt? Diese Kriterien fließen in die Entscheidung darüber, ob ein Hund hyperaktiv ist oder nicht, mit ein. In jedem Fall brauchen Hunde, die unter ihrer eigenen Nervosität leiden, Hilfe durch gezielte Maßnahmen.

- **Leiden seine Menschen unter der Lebhaftigkeit des Hundes?** Hunde sind Individuen mit Eigenheiten und jeder Hundehalter muss sich ein wenig auf diese Eigenheiten einlassen und lernen, mit ihnen zu leben. Einige unerwünschte Verhaltensweisen können durch ein Training zur Alltagstauglichkeit, wie es jede gute Hundeschule anbietet, reduziert oder beseitigt werden. Bei sehr aktiven Hunden kann es aber sein, dass der Mensch an Grenzen kommt, die durch seine Fähigkeiten (z.B. seine Körperkraft bei einem Hund, der plötzlich an der Leine zieht) oder seinen Lebensstil (z.B. kleine Wohnung in der Stadt) gesetzt werden. Leidet der Mensch, muss ihm und seinem Hund geholfen werden, und bei der Entscheidung, ob etwas unternommen werden muss, darf dieses Kriterium nicht außer Acht gelassen werden!

Hunde, die sich wie Jessy im roten Bereich der Skala befinden, leiden ganz erheblich. Ihnen muss geholfen werden.

Hummel befindet sich im gelben Bereich der Skala und es ist nicht ganz einfach zu entscheiden, ob er leidet. Seine Menschen mussten lernen, mit seinen Eigenheiten zu leben. Sie haben eine Menge Zeit und Energie darauf verwendet, Verhaltensweisen von ihm zu verändern, die nicht akzeptabel waren, wie zum Beispiel das Ziehen an der Leine oder das Verbellen von Besuchern. Auch bei Hunden wie Hummel lohnt es sich, Maßnahmen gegen Hyperaktivität anzuwenden! Sie werden helfen, das Leben für Mensch und Hund noch angenehmer zu gestalten.

Hunde aus dem grünen Bereich sind ganz normale Hunde. Treten bei ihnen unerwünschte Verhaltensweisen auf, dann reicht es aus, ausschließlich an diesen Verhaltensweisen zu arbeiten. Maßnahmen, um Lebhaftigkeit zu reduzieren, wären hier fehl am Platz.

Schauen wir uns die Verhaltensweisen von hyperaktiven Hunden genauer an. Sie können mehrere der folgenden Symptome zeigen:

TYPISCHE SYMPTOME VON LEBHAFTEN/ HYPERAKTIVEN HUNDEN

Personenbezogene Verhaltensweisen

- Sie zeigen oft und ausdauernd vielerlei aufmerksamkeitssuchende Verhaltensweisen, wie zum Beispiel Winseln, Bellen oder Anstupsen. Andere Verhaltensweisen, die Aufmerksamkeit auf sich ziehen, wie zum Beispiel das Zerstören von Gegenständen oder Springen auf Möbel, können vom Hund als erfolgreiche „Aufmerksamkeitsverursacher" erlernt werden.
- In Begrüßungssituationen können sie sehr wild sein: Sie springen am Menschen hoch, beißen in die Kleidung, bellen, schreien, rennen herum, können sich nicht beruhigen... Dieses Verhalten dauert länger als ein paar Minuten.
- Sie können Probleme mit dem Alleinbleiben haben.

Verhaltensweisen aufgrund großer Reizempfindlichkeit

- Diese Hunde finden zu Hause immer etwas zu tun, irgendetwas weckt immer ihr Interesse und Geräusche von draußen lösen Herumlaufen und/oder Bellen aus.
- Einige zeigen eine Art gesteigerte Wachsamkeit: Sie warten geradezu auf das nächste kleine Ereignis oder suchen sogar danach, zum Beispiel indem sie aus dem Fenster schauen. Manche von ihnen halten sich an Aussichtspunkten auf, immer in Erwartung von zwei- oder vierbeinigen Passanten, Fahrzeugen oder anderen stimulierenden Reizen. Dabei liegen sie nicht ruhig da und warten auf das nächste Ereignis, sondern sind sichtbar aufgeregt.

- Besonders stark wird auf alles Unbekannte reagiert (Besucher, fremde Hunde, neue Objekte...).
- Auf Spaziergängen reagieren Sie auf vielerlei Reize. Gerade noch wollten sie einem Vogel hinterher, dann erschreckt sie der laute Motor eines Autos, als nächstes finden sie einen interessanten Geruch.... Sie schauen hin und her, laufen Zickzack, ziehen an der Leine und sind in großer Aufregung.
- Ihr Drang zu erkunden scheint unersättlich.
- Manche möchten alles in den Fang nehmen und eventuell verschlucken.
- Sie neigen zum unerwünschten Jagen und zu Begegnungsproblemen (Vorwärtsspringen, Bellen...).
- Im Auto reagieren sie mit Unruhe und Bellen auf Lebewesen oder ungewöhnliche Gegenstände, an denen sie vorbeifahren.

Im Freilauf rennen viele hyperaktive Hunde bis zur Erschöpfung.

Ausdauernde Aktivität
- Sie sind häufig unruhig (Herumlaufen, Springen über Möbel, Drang zu spielen, Buddeln, Bellen).
- Sie kommen nur schwer zur Ruhe, es dauert lange, ehe sie sich nach Aufregung oder Aktivität beruhigen – und diese Ruhe hält nicht lange an. Manche dieser Hunde schlafen zu wenig.
- Manchmal wirkt ihr Tun fahrig und ungenau: Auf der Suche nach einem Leckerli suchen sie mit schnellen Bewegungen, schauen aber nicht genau hin, rempeln Möbel an, stolpern, laufen mehrmals vorbei...

Mangelnde Impulskontrolle: Ungebremste Reaktionen
- Ihre Bewegungen sind heftig und schnell.
- Ihre Reaktion auf Reize erscheint unangemessen hoch. Dies gilt zum einen für ihre Bewegungsreaktionen,
- zum anderen sind ihre Gefühle besonders stark: sie scheinen Freude, Spiel-Laune, aber auch Angst oder Wut besonders intensiv zu erleben. Als Folge davon können zum Beispiel ankommende Besucher nicht nur kurze Unruhe und Begrüßungsverhalten auslösen, sondern auch Schreien, Springen, Bellen, Fassen nach dem Ärmel eines Menschen etc.

Manche Hunde möchten alles in den Fang nehmen.

Mangelnde Frustrationstoleranz

- Die betroffenen Hunde sind schnell frustriert. Ihnen fällt es zum Beispiel schwer, auf ein Leckerchen zu warten, das ihr Mensch bereits in der Hand hält, oder zu bleiben, wenn die Autotür schon offen ist. Auch die Frustration beim Erlernen des Leinegehens löst wachsende Aufregung aus: Der Mensch bleibt stehen, wenn der Hund zieht – das frustriert den Hund, weshalb er beginnt, aufgeregt zu springen und noch mehr an der Leine zu ziehen.
- Festgehalten zu werden kann bei diesen Hunden heftige Abwehr hervorrufen.
- Sie reagieren schon auf kleine Konflikte, die andere Hunde schlicht übersehen hätten (z.B. ein Stolpern oder ein schneller Schritt des Menschen in ihre Richtung oder eine andere ungewollte leichte Bedrohung durch Hunde oder Menschen). Frustration und Konflikte lösen bei ihnen immer Aktivität aus. Sie können dann die verschiedensten Verhaltensweisen zeigen, auch Aggression oder das Zerstören von Gegenständen.

Schwierigkeiten mit Konzentration und Lernen

- Im Training können diese Hunde ihre Aufmerksamkeit nur für ganz kurze Zeit auf einen Punkt richten. Alle Übungen klappen nur ein oder zwei Mal. Ausdauerübungen (zum Beispiel „bleib") scheinen unmöglich.
- Ihre Menschen finden keine Umgebung, die so ablenkungsarm ist, dass sie sich als Trainingsort für ihren Hund eignet.
- Manche Hunde können das Gelernte schlecht behalten. Sie scheinen schon am nächsten Tag wieder vergessen zu haben, was am Vortag erlernt wurde.
- Es kann aber sein, dass ein solcher Hund sich sehr stark und ausdauernd auf eine Sache konzentriert, die ihn interessiert (Buddeln nach Mäusen, die Flächensuche nach einem Spielzeug usw.). Manchmal kann diese übermäßige Fokussierung nur mit erheblichem Kraftaufwand unterbrochen werden.

Übrigens:

- All diese unerwünschten Verhaltensweisen scheinen unveränderbar: Zurechtweisen, Korrigieren, Festhalten oder Alternativverhalten funktionieren nicht oder nur vorübergehend und Strafen wirken zusätzlich aktivierend.
- Die Art der Symptome gibt Hinweise auf die Ursache! So mancher Hund zeigt nur einige der beschriebenen Merkmale, andere nicht. Dies ist ein wichtiger Fingerzeig auf die Entstehungsgeschichte des Verhaltens, oder darauf, dass dieser Hund ganz bestimmte Bedürfnisse hat, die nicht befriedigt werden. Genaueres hierzu erfahren Sie unter „Ursachen für Hyperaktivität".
- Um möglichst viele Informationen über einen Hund zu sammeln, ist es sinnvoll andere Menschen, die mit dem Hund zu tun haben, um ihre Einschätzung zu bitten: den Trainer oder die Trainerin, die Tierärzte, Vorbesitzer oder Züchter. Zur Informationsgewinnung trägt auch das Führen eines Tagebuches bei, in dem die hyperaktiven Symptome mit vermutetem Auslöser, Zeitpunkt und Dauer notiert werden.

Hyperaktiv oder nicht?

Die Diagnose „Hyperaktivität" kann nun auf folgende Weise getroffen werden: Hunde, die nur einzelne dieser Merkmale aufweisen, zeigen hyperaktive Symptome – sie sind jedoch nicht hyperaktiv. Erst wenn mehrere der Anzeichen vorhanden sind und Hund und Halter leiden, kann die Diagnose „Hyperaktivität" gestellt werden.

Immer hyperaktiv?

Es gibt Hunde, die im Haus ruhig und gelassen sind – und nur draußen auf dem Spaziergang oder nur unter ganz bestimmten Umständen übermäßig aktiv sind. Sollte man diese Hunde als hyperaktiv bezeichnen? Ganz sicher befinden sie sich nicht ganz rechts, tief im roten Bereich auf unserer Skala. Geringgradig hyperaktive Hunde, die mit ihrem Leben einigermaßen klarkommen, können sich zu Hause oft gut entspannen. In ihrer vertrauten Umgebung haben sie gelernt, Unwichtiges auszublenden. Als Halter eines solchen Hundes sollten Sie sich über diese Fähigkeit freuen! Es kann jedoch sein, dass der Hund außerhalb dieser gut bekannten Umgebung das Vollbild seiner Symptome zeigt.

> **Info:**
> Hunde, die nur unter ganz bestimmten Bedingungen (z.B. nur wenn ein Ball ins Spiel kommt oder nur bei Hundebegegnungen) extreme Reaktionen zeigen, sind nicht hyperaktiv. Sie haben einfach gelernt, in bestimmten Situationen stark zu reagieren – und können dies in vielen Fällen auch wieder verlernen.

> **Tipp:**
> Wenn Sie als Trainer oder Verhaltenstherapeut mit hyperaktiven Hunden zu tun haben, versuchen Sie herauszufinden, ob sich die Eigenarten des Hundes im Laufe der Zeit verändert haben!

Veränderungen im Laufe des Lebens

Erreicht ein besonders lebhafter Welpe die Phase der Adoleszenz (vom Einsetzen der Geschlechtsreife bis zum Erwachsenwerden, diese Zeit kann zwei Jahre oder länger dauern), können sich seine Eigenheiten ganz erheblich verschlimmern.

Sind sie endlich erwachsen, so werden viele lebhafte Hunde ruhiger. Mit jedem weiteren Lebensjahr gewinnen sie an Ausgeglichenheit. Dies ist jedoch bei hyperaktiven Hunden längst nicht immer der Fall. Bestimmte Fähigkeiten (z.B. die genannte Impulskontrolle) tauchen nicht aus dem Nichts auf, sondern müssen erlernt werden. Deswegen kann es sein, dass aus einem schwierigen Junghund ein noch schwierigerer erwachsener wird: Er ist jetzt körperlich stärker und sein Verhalten hat sich gut eingeprägt.

Mit zunehmendem Alter werden die meisten Hunde ruhiger und gelassener.

FOLGEPROBLEME

Sehr häufig zeigen lebhafte oder hyperaktive Hunde noch weitere Auffälligkeiten, die sich aus den oben genannten Verhaltensweisen entwickeln:

Erlernte Ängste

Durch ihr besonderes Verhalten geraten hyperaktive Hunde mit ihren Menschen in Konflikt. Zum Beispiel ist es für den Halter sehr frustrierend, wenn sein Hund das Gehen an der Leine einfach nicht „kapiert", allein weil Arm und Rücken zu schmerzen beginnen. Aufgrund der großen Unruhe des Hundes verliert er Freunde, die nicht mehr zu Besuch kommen wollen. Andere Hundehalter belächeln ihn. Es hagelt ungebetene Ratschläge und vage Andeutungen wie „Eure Beziehung stimmt nicht!" oder „Du bist einfach kein Alpha-Tier!" Die Trainer in der Hundeschule wissen nicht weiter und machen ihm Vorwürfe: „Wenn Du nicht konsequent sein kannst, dann ist das kein Hund für Dich!" Nun beginnt der Halter, auch die seltsamsten Ratschläge auszuprobieren, aber nichts scheint zu helfen. Dies alles löst Verunsicherung, Frustration und Wut in ihm aus und irgendwann bekommt der Hund diese Gefühle zu spüren. Dem Halter rutscht die Hand oder der Fuß aus. Ohne Nachzudenken reißt er an der Leine – oder brüllt seinen Hund an, worauf dieser beginnt, sich zu fürchten. Für manche Hunde reicht es aus, dass sie den Ärger ihres Menschen in Geruch und Körpersprache wahrnehmen. Sie entwickeln Ängste vor bestimmten Bewegungen ihrer Menschen, vor bestimmten Orten, vor der Leine, anderen Hunden oder bestimmten Situationen. Diese Angst sorgt für eine zusätzliche Aktivierung der Hunde. Sie werden noch wachsamer, reagieren noch schneller, noch heftiger. Natürlich äußert sich die Angst außerdem in Verhaltensweisen wie Ausweichen, Meiden, Flucht oder Aggressionsverhalten. Auch dieses Verhalten kann von hyperaktiven Hunden besonders intensiv gezeigt werden.

Dieser Hund wird an viel zu kurzer Leine am Halsband gezogen und hat deshalb Angst.

In manchen Fällen münden andauernde harte Erziehungsversuche in einem depressionsähnlichen Zustand der Hunde. Manch ein Halter mag nun zufrieden sein, denn endlich ist der Hund ruhig! Ein guter Beobachter erkennt jedoch seine Teilnahmslosigkeit, das Fehlen von Eigeninitiative und das reduzierte Ausdrucksverhalten.

Probleme des Sozialverhaltens

Das lebhafte, ungebremste Verhalten führt nicht nur zu Konflikten mit Menschen. Auch andere Hunde reagieren abweisend, zum Beispiel mit distanzforderndem Knurren, Zähnezeigen oder Schnappen. Ein hyperaktiver Hund macht häufig die Erfahrung, dass andere Hunde unangenehm sind und dass aus Begegnungen Raufereien oder sogar Beißereien entstehen können.

Auch wenn das Gegenüber nicht will: Hyperaktive Hunde geben bei Spielaufforderungen nicht so schnell auf.

Fazit:

1 Hyperaktiv sind Hunde, die auf kleinere Auslöser stärker reagieren als Artgenossen. Sie sind häufiger, heftiger und ausdauernder aktiv. Oft erleben sie starke Emotionen. Als Maßstab dient der Vergleich mit anderen Hunden ihrer Rasse und ihrer Altersgruppe.

2 Hunde, deren lebhaftes Verhalten altersgemäß typisch oder rassebedingt ist, können wie hyperaktive Hunde therapiert werden, wenn ihre Menschen unter ihrem Verhalten leiden.

Ein typisches Beispiel für ungebremstes Verhalten gegenüber anderen Hunden kann beim Spielen beobachtet werden: Der hyperaktive Hund spielt sein vierbeiniges Gegenüber über den Haufen und übersieht vor lauter Aufregung die Stoppsignale des anderen. Er genießt das Spiel und wird dieses Verhalten nicht vom Halter unterbrochen, werden andere Hunde mit der Zeit zu willkommenen „Sparring-Partnern", an denen sich der hyperaktive Hund abreagieren kann. In beiden Fällen sieht sich der Halter gezwungen, seinen Hund anzuleinen und manchmal auch seine ganze Körperkraft einzusetzen, um den aufgeregten Hund halten zu können, was letzteren natürlich frustriert – und aus diesem Frust können Aggressionen gegenüber dem Artgenossen entstehen!

Weitere Aggressionsprobleme

Kann ein Hund Frustration schlecht aushalten, wird er vielleicht protestieren oder sich wehren, wenn er nicht bekommt, was er haben möchte. Erlebt er Emotionen ganz besonders intensiv, dann gilt dies auch für Wut oder Angst. Das Verhalten, das aus solchen starken Emotionen resultiert, ist besonders ausgeprägt.

VERSCHIEDENE BEGRIFFE FÜR DASSELBE: HYPERAKTIVITÄT, HYPERKINESE ODER ADHS?

Allen denjenigen, die neben der deutschsprachigen Hunde-Fachliteratur auch englische und humanmedizinische Bücher lesen, wird aufgefallen sein, dass der Begriff „Hyperaktivität" nicht von allen Autoren in derselben Weise benutzt wird und dass parallel dazu andere Begriffe existieren. Ganz offensichtlich sind sich die Fachleute weltweit nicht einig, welche Bezeichnung für welchen Zustand benutzt werden soll. Eine ausführliche Diskussion zu diesem Thema bringt N. Dodman in seinem Buch „Dogs Behaving Badly" (2000). Er schreibt:

„THE FINAL WORD ABOUT CANINE HYPERACTIVITY HAS YET TO BE SPOKEN."

Um dem interessierten Leser beim Kampf mit dem Fachwort-„Dschungel" zu helfen, werden im Folgenden aktuelle Informationen zu den drei Begriffen zusammengefasst:

ADHS

Dieses Kürzel steht für Aufmerksamkeits-Defizit- und Hyperaktivitäts-Störung. Es beschreibt beim Menschen einen Zustand, der in Fachbüchern durch einen Merkmalkatalog genau definiert wird. Anhand von Beobachtungen des Patienten, Fragebögen und Interviews zu seiner Lebensgeschichte und augenblicklichen Beschwerden werden Informationen gesammelt, die mit diesem Merkmalkatalog verglichen werden. Weist ein Mensch also bestimmte Merkmale auf, dann stellt der Arzt die Diagnose: „Sie haben ADHS." Behandelt wird mit Psychotherapie und Medikamenten. Es ist fraglich, ob die Symptome eines Hundes mit denen eines Menschen verglichen werden können und ob lebensgeschichtliche Ursachen und neurologische Vorgänge vergleichbar sind. Daher sollte dieser Begriff beim Hund nicht benutzt werden.

Die Bedeutung von Stimulantientests

Häufig (nicht immer) reagieren ADHS-betroffene Menschen gut auf eine Behandlung mit „Stimulantien", also Medikamenten, die beim „normalen" Menschen anregend wirken (z.B. *Ritalin* mit dem Wirkstoff *Methylphenidat*). ADHS-Patienten berichten, dass diese Medikamente beruhigend wirken und ihnen helfen, sich zu konzentrieren.

Auch bei unerträglich lebhaften Hunden können solche Medikamente eingesetzt werden – teilweise mit Erfolg. Einige Fachleute machen daher die Diagnose „ADHS" bei Hunden von diesem Erfolg abhängig: Wird ein Hund ruhiger und konzentrierter durch die Gabe von Stimulantien – dann hat er ADHS.

Allerdings reagieren auch manche Hunde, die gar nicht extrem hyperaktiv sind, auf Stimulantien – und werden ruhiger.

Dodman schlägt daher vor, nicht von einer „Erkrankung" zu sprechen, von einem „gehirnchemischen Ungleichgewicht", das eine Behandlung mit Stimulantien erfordert. Vielmehr solle man sich ein Kontinuum vorstellen – mit extrem lebhaften, unaufmerksamen Hunden an einem Ende und sehr ruhigen am anderen Ende. Dabei kann die Gabe von Stimulantien manchen „hyperaktiven" Hunden (und ihren Menschen) helfen.

ADHS-Fragebogen beim Hund

Ungarische Forscher haben einen ADHS-Fragebogen aus der Humanmedizin so abgewandelt, dass er bei Hunden anwendbar ist. Dieser Fragebogen kann Verhaltenstherapeuten helfen, die Diagnose ADHS für einen Hund zu stellen. Allerdings erscheint der vorgeschlagene Fragebogen mit 13 Fragen zu kurz.

Echte Hyperaktivität

Ähnlich wie beim Begriff ADHS fordern manche Fachleute, die Diagnose „Hyperaktivität" nur bei solchen Hunden zu stellen, die lebhaft und unaufmerksam sind und außerdem auf Stimulantien reagieren. Bei solchen Hunden kann testweise ein bestimmtes Medikament gegeben werden – wird der behandelte Hund ruhiger, leidet er unter „echter" Hyperaktivität.

Die erfolgreiche Anwendung des Medikamentes dient also dem Nachweis, dass eine bestimmte gehirnchemische Störung vorliegt.

Für alle anderen Hunde, die nicht auf das Medikament reagieren, wird von diesen Fachleuten die Bezeichnung „Hyperaktivität" oder „echte Hyperaktivität" abgelehnt.

Hyperkinese
Dieser Begriff wurde 1970 benutzt, um eine starke Unruhe zu beschreiben, die bei traumatisierten Hunden beobachtet wurde. Später wurde dieser Begriff auf andere lebhafte Hunde übertragen.

Lindsay (2001) und Crowell-Davis (2006) benutzen die Bezeichnung „hyperkinesis" oder „true hyperkinesis" in ähnlicher Weise wie oben für ADHS und „echte Hyperaktivität" beschrieben, nämlich für diejenigen Hunde mit Hyperaktivität und Aufmerksamkeitsstörung, die auf stimulierende Medikamente ansprechen.

Crowell-Davis fügt hinzu:
Für Hunde mit „echter Hyperkinese" gelten folgende Merkmale:

1. kurze Aufmerksamkeitsspanne
2. immer in Bewegung
3. unfähig, Gehorsam zu lernen, auch nicht mit starken Belohnungen (z.B. unfähig auch nur ganz kurz zu sitzen, so dass man Sitzen belohnen könnte)

Diese Symptome müssen schon eine Zeit lang bestehen, ohne dass eine Verhaltenstherapie geholfen hätte.

Warum benutzen wir den Begriff „Hyperaktivität"?
Um von der definierten Diagnose ADHS der Humanmedizin und dem historisch mit Traumata belegten Wort Hyperkinese abzugrenzen, wird in diesem Buch von Hyperaktivität gesprochen.

Entsprechend Dodmans Argumentation sollten die Hunde mit extremen Symptomen als äußerstes Ende eines Kontinuums gesehen werden (als Abbildung dargestellt im Kapitel „Definition und Symptome" dieses Buches).

Aber auch die Hunde mit geringer ausgeprägten Anzeichen können unter ihrem eigenen Verhalten leiden! Und ihre Menschen leiden mit ihnen. Beiden, Hunden und Haltern, muss geholfen werden. Natürlich ist diese Hilfe auch unabhängig von dem Ergebnis eines Stimulantientests, denn dieser kann nur dann sinnvoll sein, wenn die therapeutische Gabe von Medikamenten geplant ist.

URSACHEN

TEIL 2   URSACHEN

Alle Halter von hyperaktiven Hunden müssen sich offene oder versteckte Vorwürfe anhören, ihr Hund sei „schlecht erzogen". Häufig haben sie eine Odyssee durch mehrere Hundeschulen hinter sich und jeder Trainer hat ihnen mitgeteilt, welchen schweren Fehler sie mit ihrem Hund machen oder gemacht haben: Sie haben zum Beispiel die falsche Rasse gewählt, den Hund als Welpen verwöhnt, bestimmte Trainingstechniken nicht oder nicht richtig angewendet, zu wenig oder zu viel Beschäftigung geboten oder Ähnliches.

Mit diesen Vorwürfen konfrontiert, fragt sich jeder Halter früher oder später: Warum benimmt mein Hund sich auf diese Weise? Habe ich etwas falsch gemacht? Bin ich überhaupt in der Lage, einen/ diesen Hund zu halten und zu erziehen? Bin ich schuld daran, dass es ihm nicht gut geht und er sich so fehlerhaft entwickelt? Diese Fragen können zur Belastung werden und deshalb ist es eine große Erleichterung für den Halter, wenn er eine Erklärung für das Verhalten seines Hundes findet.

Das folgende Kapitel möchte Ihnen genau hierbei helfen. Zunächst werden die inneren Vorgänge beschrieben, die im hyperaktiven Hund anders ablaufen als bei anderen. Danach erfahren Sie, welche äußeren Ursachen in der Geschichte Ihres Hundes dafür gesorgt haben, dass er so ist, wie er ist.

Labrador-Mix Lio zeigt deutlich seine Unsicherheit. Sein Stress-Niveau ist hoch.

DIE INNEREN VORGÄNGE: SO FUNKTIONIEREN HYPERAKTIVE HUNDE

Niemand weiß genau, warum sich Hunde hyperaktiv verhalten. Es gibt jedoch zwei wichtige Erklärungsansätze:

1 Stress
2 angeborene oder erworbene Veränderungen im Gehirn

ALLES STRESS, ODER WAS?!

Als Stress bezeichnet man die Veränderungen im Körper und Gehirn von Hunden, die durch Herausforderungen hervorgerufen werden. Beispiele für solche Herausforderungen sind: Schreck, Ärger, ein plötzlich auftretendes freudiges Ereignis, Konflikte, Verwirrung… Alles was Geist und Körper anregt, löst eine Stress-Reaktion im Stoffwechsel aus. Tatsächlich ist dieses Gefühl der **„Anregung"** (manchmal als „Adrenalin-Kick" bezeichnet) nichts anderes als eine akute Stress-Reaktion. Diese Anregung wird mit dem Begriff „erhöhter Erregungslevel" bezeichnet. Bei einem erhöhten Erregungslevel sind Mensch und Tier unruhig, reizempfindlicher und reagieren intensiver.

Ein erhöhter Erregungslevel bringt also automatisch bestimmte Symptome von Hyperaktivität mit sich!

Menschen oder Hunde mit erhöhtem Erregungslevel sind aber nicht in jedem Fall hyperaktiv! Denn: Solche Stress-Reaktionen sind normal –, wenn man auch wieder zur Ruhe kommen kann.

Ist die Stress-Reaktion im Körper zu stark oder fehlen die Ruhephasen, dann gerät sie aus dem Ruder. Dabei können zwei Möglichkeiten unterschieden werden:

1 Sind diese andauernden oder wiederholten Stress-Auslöser für den Hund erfreulich, kann ein dauerhaft erhöhter Erregungslevel entstehen. Die betroffenen Hunde können Symptome von Hyperaktivität zeigen.

Ein Beispiel mag dies erläutern:
Werden einem beutebegeisterten Hund häufig Bällchen oder andere Gegenstände geworfen, steigt sein Erregungslevel an. Er beginnt außerdem, auf dem Spaziergang immer neue Dinge zu finden, die geworfen werden können (Stöckchen, Steine...). Beim Aufbruch zum Spaziergang ist er voller freudiger Erwartung und diese Erwartungshaltung treibt seinen Erregungslevel in die Höhe, noch bevor der Spaziergang beginnt. So mancher spielfreudige Hund entdeckt auch in der Wohnung Spielzeuge, die ihn in Aufregung versetzen. Kommen dann noch weitere Quellen der Freude (oder einfach der Aufregung) hinzu, wie zum Beispiel Besucher oder die Vorfreude bei Fütterungszeiten, findet der Hund bald kaum noch Zeit, zur Ruhe zu kommen. Ein dauerhaft erhöhter Erregungslevel ist entstanden. Der Hund ist unruhig, leicht erregbar und reagiert oft sehr heftig.

2 Sind die Stress-Auslöser unangenehm für den Hund und dauern sie an oder wiederholen sie sich häufig, dann werden Körper und Gehirn stark belastet. Unter dieser Belastung kann es zu Erkrankungen und Wesensänderungen kommen. So kann Hyperaktivität als Folge einer starken oder andauernden Stress-Reaktion entstehen. Dies gilt ganz besonders dann, wenn die Stressauslöser nicht nur leicht unangenehm waren, sondern dem Hund Angst machten (beispielsweise angsteinflößender Umgang des Halters mit dem Hund, unangenehme Erlebnisse in der Umwelt oder mit anderen Hunden): Im Hund ist dann das Bedürfnis zu fliehen, zu kämpfen oder durch hektisches Spiel zu deeskalieren dauerhaft aktiviert.

Die Folgen von unangenehmem Stress kennen Sie aus eigenen Krisen, die Sie sicher schon durchlebt haben: Sie waren zu diesem Zeitpunkt nervös, reizbar, unruhig, und wenn Sie sich erschrocken haben, dann gleich heftig. Bei Ärger ist Ihnen oft so richtig der Kragen geplatzt. Vielleicht waren Sie wiederholt erkältet oder haben bestimmte Speisen nicht mehr vertragen.

Sicher kommen Ihnen solche Beispiele auch aus der Hundewelt bekannt vor: Häufig sind es lebhafte, empfindliche Hunde, die unter Futterunverträglichkeiten leiden. Oft neigen sie auch zu anderen Erkrankungen (z.B. der Haut).

Stress kann also Auslöser von Hyperaktivität sein.

Gleichzeitig ist es wichtig, Folgendes zu bedenken: Nicht immer sind „gestresste" Hunde übermäßig fordernden Erfahrungen ausgesetzt. Manchmal sind diese Hunde einfach besonders stressempfindlich. Dies gilt im Grunde für alle Hunde mit Hyperaktivität: Egal welche Ursache dahinter steckt, sie haben eine hohe Reizempfindlichkeit, die automatisch einen erhöhten Erregungslevel zur Folge hat. So kann ein Teufelskreis entstehen: Die erhöhte Reizempfindlichkeit führt zu einem erhöhten Erregungslevel, welcher wiederum die Reizempfindlichkeit steigert. Ein solcher Teufelskreis kann auch für die anderen Symptome von Hyperaktivität entstehen. Auch sie können einen erhöhten Erregungslevel nach sich ziehen, welcher wiederum die Symptome verstärken kann. Deshalb gilt:

Hyperaktivität hat Stress zur Folge. Stress kann also Ursache und Folge von Hyperaktivität sein!

Was bedeuten diese Zusammenhänge für den Umgang mit hyperaktiven Hunden? Eine ausgiebige Antwort erhalten Sie im Kapitel „Therapie". Soviel sei hier aber schon gesagt: Zeigt Ihr Hund hyperaktive Symptome, dann sollten Sie seinen Erregungslevel im Auge behalten und soweit wie möglich reduzieren! Dabei wird es Ihnen helfen, die Stressquellen Ihres Hundes ausfindig zu machen und diese zu reduzieren. Den Stresslevel des Hundes zu managen ist ein außerordentlich wichtiger Teil der Therapie von Hyperaktivität!

Weil Stress und Hyperaktivität so eng miteinander verbunden sind, ist es sehr wichtig, dass Hundetrainer und Verhaltenstherapeuten sich wirklich gut mit dem Themenkomplex Stress auskennen. Auch wenn Sie Halter eines hyperaktiven Hundes sind, ist es empfehlenswert, sich über dieses Thema gründlich zu informieren. Dann werden Sie Ihren Hund besser verstehen und lenken können! Ausführlich informiert Sie das Buch „Stress bei Hunden" von Martina Scholz und Clarissa v. Reinhardt, das ebenfalls im animal learn Verlag erschienen ist.

LIEGT DER FEHLER IM KOPF DES HUNDES?

Stress allein reicht als Erklärung für Hyperaktivität nicht aus, denn manche Hunde bleiben auch dann übermäßig aktiv, wenn ihr Stresslevel erheblich reduziert wurde. Es muss daher noch weitere Ursachen für ihr Verhalten geben. Aber welche?

Beim Menschen gibt es derzeit keine allgemein anerkannte Erklärung dazu, was im Gehirn eines hyperaktiven Menschen anders läuft als bei so genannten „Normalen". Es wird jedoch eine Reihe von Theorien diskutiert und einige dieser Erklärungsansätze passen gut zum Verhalten von betroffenen Hunden! Diese Theorien sind hilfreich, denn wenn die Halter verstehen, was in ihrem Hund (vermutlich) vor sich geht, fällt es ihnen leichter, seine Eigenheiten zu akzeptieren und sie gezielt und engagiert zu beeinflussen.

Besonders gut auf Hunde übertragbar erscheint folgende Erklärung:

Hyperaktivität entsteht vor allem durch die Schwierigkeit, sich zu konzentrieren.

Normale Hunde können ihre Umgebung kurze Zeit „ausblenden" und sich auf ihren Menschen konzentrieren. Hyperaktiven Hunden fällt dies sehr schwer.

Den Betroffenen fällt es schwer, ihre Aufmerksamkeit lange und intensiv auf einen Reiz oder eine Beschäftigung zu richten. Andere Reize können jederzeit die Aufmerksamkeit einfangen und in eine andere Richtung lenken – und damit ist die Konzentration dahin! Weil es ihnen so schwer fällt, ihre Aufmerksamkeit lange Zeit auf eine Sache zu fokussieren, erscheinen die Menschen oder Hunde auffallend reizempfindlich gegenüber allen möglichen Dingen.

Die anderen Symptome der Hyperaktivität sind eine logische Folge davon (der Hund ist ununterbrochen angeregt und aktiv, durch den andauernd erhöhten Erregungslevel reagiert er übermäßig usw.) oder sie sind ein Versuch des Hyperaktiven, sich in der Reizflut, die er erlebt, zurechtzufinden und mit ihr umzugehen (z.B. durch eine starke Orientierung des Hundes zum Halter oder durch Abreagieren in „Rennanfällen").

Daraus ergibt sich die Frage:
Was verursacht diese Unfähigkeit, die Aufmerksamkeit zu fokussieren?

Stellen Sie sich folgendes Beispiel vor: Sie gehen mit dem Ziel durch eine Fußgängerzone, Schuhe zu kaufen. Sie sind von vielen Reizen (Menschen, Schaufenster, Musik...) umgeben, aber all diese Dinge interessieren Sie nur geringfügig, denn Sie haben Ihr Ziel im Kopf und halten ganz allgemein nach Schuhgeschäften Ausschau. Schließlich entdecken Sie eines, also gehen Sie zum Schaufenster und lassen Ihren Blick über die Auslage wandern. Plötzlich gewinnen ein Paar Schuhe Ihre Aufmerksamkeit. Sie schauen eine Zeit lang hin und beschäftigen sich gedanklich mit diesen Schuhen, bis Sie sich entschließen, den Laden zu betreten. Sie fragen nach diesen Schuhen und probieren sie an.

Zunächst war Ihr Gehirn offen für ganz bestimmte Reize (Schuhgeschäfte). Dann richtete sich Ihre Aufmerksamkeit auf ein bestimmtes Geschäft. Vor der Schaufensterscheibe haben Sie Ihre Suche weiter verengt: Nun hatten Sie nur noch Augen für Schuhe mit bestimmten Eigenschaften (Braune Schuhe z.B. interessierten Sie nicht, wenn Sie schwarze suchten; Sie werden später gar nicht erzählen können, ob oder wie viele braune Schuhe im Schaufenster waren!). Beim Betreten des Ladens haben Sie an diese bestimmten Schuhe gedacht und konzentrierten sich eine Zeit lang auf sie. Andere Reize (z.B. andere Schuhe) wurden ausgeblendet.

Im Gehirn sorgen verschiedene chemische Substanzen dafür, dass wir für bestimmte Reize empfänglich sind (z.B. für Schuhgeschäfte ganz allgemein, aber nicht für Drogerien), dass unsere Aufmerksamkeit sich dann auf einen bestimmten Reiz richtet und eine Zeit lang dort verweilt. Dabei kann sich die Aufmerksamkeit immer weiter verengen: von Schuhgeschäften auf Schaufenster, auf Schuhe, dann auf Schuhe mit bestimmten Eigenschaften und schließlich auf ein ganz bestimmtes Paar.

Dieser Verengungsprozess wird Fokussierung genannt.

Noradrenalin, ein chemischer Botenstoff in unserem Gehirn, sorgt in speziellen „Aufmerksamkeitszentren" für diese „allgemeine Wachsamkeit", danach für das Richten von Aufmerksamkeit und schließlich für die Konzentration auf eine bestimmte Sache: also für die Fokussierung. Es wird dabei durch Dopamin unterstützt: Dopamin ist der Stoff der Vorfreude und bringt ein Lebewesen dazu, sich auf die erfreuliche Sache zu konzentrieren.

Bei gelungener Fokussierung werden dann ganz bestimmte Gehirnareale gezielt und geordnet aktiviert. Ein Mensch beginnt zum Beispiel, über Schuhe nachzudenken, Erinnerungen und Wünsche werden geweckt. Er führt Handlungen aus, die ihn seinem Ziel näher bringen, die perfekten Schuhe zu erwerben.

Bei Hyperaktiven arbeiten die „Aufmerksamkeitszentren" nicht so effektiv. Ihnen gelingt die Fokussierung nicht oder seltener. Sie sind wachsamer, aufgeschlossener für alles Mögliche, ihre Aufmerksamkeit springt hin und her – und ganz vieles stimuliert sie zum Handeln.

Durch diese andauernde und immer neue Anregung aus verschiedenen Richtungen wird ein „hyperaktives" Gehirn ungeordneter aktiviert. Es sind mehr Areale gleichzeitig und diffuser aktiv. Das geregelte Zusammenspiel der Gehirnbereiche funktioniert nicht so gut.

Info:
Zuviel Dopamin kann jedoch hektisch und impulsiv machen. Das kennen Sie sicher von übermotivierten Hunden, die sich so sehr auf ihren Ball freuen, dass sie kein Kommando mehr ausführen können.

Bezogen auf unser Beispiel aus der Fußgängerzone würde dies bedeuten: Ein hyperaktiver Mensch landet als erstes in einer Bäckerei, plaudert dort ausgiebig mit einem Fremden, verlässt den Laden, weil er zu lange warten musste und ihm inzwischen etwas anderes eingefallen ist. Er bleibt bei einem Straßenmusiker stehen, lacht viel zu laut über dessen Witze, sieht dabei einen Schuhladen, erinnert sich, betritt den Laden – und kauft eine Handtasche.

Seine Aufmerksamkeit springt dabei hin und her. Es werden unterschiedliche Motivationen aktiviert, denen er kurze Zeit nachgeben kann. Die äußeren Reize lösen immer neue Handlungen aus und wecken außerdem Erinnerungen, die den Menschen zum Umlenken veranlassen. Deswegen ist er hektisch unterwegs, wechselt öfters seine Laufrichtung und unternimmt verschiedene Dinge. Sehr bald vergisst er darüber sein ursprüngliches Vorhaben.

Ein Beispiel aus dem Hundetraining:
Ein hyperaktiver Hund kann zum Beispiel beim „bei Fuß"-Training nicht fokussieren. Es gelingt ihm nicht, seine Aufmerksamkeit ausschließlich auf seinen Halter zu richten. Stattdessen fangen alle möglichen Umweltreize sein Interesse ein. Und es wird noch schwieriger: „bei Fuß"-Gehen bedeutet ja nicht nur: Aufmerksamkeit auf den Halter! Nein, der Hund soll außerdem an einer bestimmten Seite mit seiner Schulter an Ihrem Knie laufen – ohne sich schräg zum

Menschen zu drehen – und auf die Hand oder ins Gesicht des Menschen schauen. Er soll also seinen Fokus noch weiter verengen und viele Dinge gleichzeitig beachten! Dabei werden hyperaktive Hunde nicht nur durch Umweltreize, sondern auch durch Veränderungen oder auffallende Bewegungen am Halter abgelenkt. Ein flatternder Jackenzipfel oder ungeschickte Bewegungen des Hundeführers bringen ihn aus dem Konzept. Gleichzeitig bedeutet dies: Erfahrene Hundeführer, die immer dieselbe Trainingskleidung tragen und sich routiniert und sehr kontrolliert bewegen, kommen mit lebhaften Hunden besser zurecht. Hält der Mensch ein Lockmittel in der Hand (z.B. Futter), so kann dies dem Hund helfen, das Fokussieren nach und nach zu erlernen. Dies dauert allerdings etwas länger als beim „normalen" Hund.

Es fällt dem hyperaktiven Hund nicht nur schwer, sich zu konzentrieren. Auch die anderen Symptome für Hyperaktivität beeinträchtigen die Leistung beim „bei Fuß"-Gehen: zum Beispiel hüpft und rempelt er, läuft schräg und macht ab und zu auch dann noch Fehler, wenn er eigentlich schon einen höheren Leistungsstand erreicht hat.

Sie wissen bereits, dass ein erhöhter Erregungslevel in der Regel „chaotischer" macht, man wird fahriger, ungenauer, ablenkbarer und impulsiver. Das ist aber nicht immer so, denn ein erhöhter Erregungslevel kann manchmal sogar beim Fokussieren helfen. Einige Hyperaktive können sich plötzlich stark konzentrieren, wenn sie durch ganz bestimmte Auslöser angeregt werden. Dies ist zum Beispiel bei Hunden der Fall, die beim Jagen oder bei der Nasenarbeit plötzlich sehr konzentriert bei der Sache sind und sich durch gar nichts davon abbringen lassen. Man kann sich vorstellen, was für ein Genuss das für den Hund sein muss! Endlich kommt sein Gehirn zur Ruhe, er ist nicht mehr hin- und hergerissen, sondern kann sich einer Tätigkeit ganz hingeben.

Exaktes „bei Fuß"-Gehen auf kurzen Strecken fördert die Konzentrationsfähigkeit.

Kein Wunder, dass **er danach strebt**, diese Tätigkeit wieder und wieder auszuüben!

Es gibt noch weitere mögliche Erklärungen für Hyperaktivität: Vermutlich sind im hyperaktiven Gehirn weniger hemmende Nervenbahnen aktiv.
Man könnte sagen: Die „Bremsen" sind zu schwach. Beim normal veranlagten Hund helfen diese „Bremsen", Unwichtiges zu unterdrücken. Für das Shopping-Beispiel würde dies bedeuten, dass Sie Handtaschen nicht wahrnehmen, wenn Sie nach Schuhen suchen. Im Hundetraining bedeutet dies, dass der Hund seine Aufmerksamkeit auf die gestellte Aufgabe richten kann, auch wenn Ablenkungen vorhanden sind. Außerdem werden übermäßige Reaktionen abgebremst. Im Shopping-Beispiel würden Sie übermäßige Freudenfeiern über ein schönes Paar Schuhe unterlassen und stattdessen lächeln, bezahlen und dann einer Freundin davon erzählen. Im Training mit Hunden spricht man dann von der

Fähigkeit zur Impulskontrolle, die dem Tier zum Beispiel hilft, bei einer Abruf-Übung seinen Lauf zu bremsen, bevor es in seinen Menschen hineinrennt, oder sitzen zu bleiben, obwohl ein anderer Hund frei herumläuft. Mit dieser Kontrollfunktion ist ein Gehirnteil ganz besonders beauftragt: der präfrontale Cortex. Wenn Sie sich jetzt überrascht vor die Stirn schlagen – dann haben Sie genau diesen Gehirnteil getroffen, denn er sitzt hinter der Stirn. Untersuchungen an hyperaktiven Kindern haben gezeigt, dass dieser Teil bei ihnen strukturell verändert ist.

Die Filter im Gehirn sind zu durchlässig.

Keiner von uns kann alle Reize verarbeiten, die auf uns einströmen. Wir würden sonst über jedes Detail an jedem Menschen, in jedem Schaufenster etc. nachdenken, das wir in der Fußgängerzone sehen, hören oder auf andere Weise wahrnehmen. Um das zu vermeiden, passiert diese Reizflut auf dem Weg in die Tiefen unseres Gehirns verschiedene Instanzen, in denen „gefiltert" wird, so dass zum Schluss nur noch die wichtigsten Dinge bewusst wahrgenommen werden. Es könnte sein, dass diese Filterleistung bei Hyperaktiven zu schwach ist. Eine Unmenge von Reizen stimuliert gleichzeitig ihr Gehirn und führt zu Aktivitäten.

Ohne die entsprechenden Filter im Gehirn würden wir in der Fülle der Informationen das für uns Wichtige nicht wahrnehmen können.

Das Belohnungssystem im Gehirn funktioniert nicht richtig.

Die Betroffenen haben Schwierigkeiten, alltägliche Erfolgserlebnisse als lohnend zu erleben. Dopamin (Sie erinnern sich: der Stoff der Vorfreude!) kann einfach nicht richtig wirken. Kleine Erfolge oder Belohnungen reichen nicht aus, um motiviert zu bleiben. Dies ist jedoch notwendig, um ausreichend gut zu fokussieren! Sie können sich das sicher vorstellen: Die betroffenen Hunde oder Menschen sind immer auf der Suche nach interessanten, lohnenden Dingen – danach, endlich zufrieden gestellt zu werden. Jeder neue Reiz, den sie entdecken, wirkt verlockend, denn es könnte ja endlich etwas Lohnendes sein!

Dieser Hund hat keinen Spaß an einer „normalen" Belohnung.

Dies kann sich auch auf Sozialpartner beziehen: Zuwendung und Kontakt reichen nie aus, der Hund versucht immer wieder, noch mehr zu bekommen. Im genannten Beispiel hielte die Freude über ein Paar Schuhe nur kurz an. Sehr bald würden Sie sich auf die Suche nach irgendwelchen neuen Dingen machen, die Freude versprechen.

Hyperaktive Hunde haben Schwierigkeiten, stabile Bindungen herzustellen.

Ihre übermäßige Aktivität dient vor allem dazu, die Aufmerksamkeit des Gegenübers (z.B. des Halters) zu erlangen. Sie nehmen sogar Strafen in Kauf, weil ihr Gegenüber sich dabei mit ihnen beschäftigt. Die Bindungsfähigkeit wird in der Welpenzeit entwickelt. War die Beziehung zur Mutterhündin harmonisch, dann gibt es genug Rezeptoren für Bindungshormone im Gehirn eines Hundes. Bei späteren Bindungen reicht eine geringe Menge an Bindungshormonen aus, um sich zugehörig und geborgen zu fühlen. Hunden, deren Mütter hektisch, aggressiv oder – bei Handaufzucht – abwesend waren, fehlt diese notwendige Erfahrung in der Welpenzeit. Sie versuchen aktiv, das Gefühl der Zugehörigkeit herzustellen, indem sie alles Mögliche tun, um Aufmerksamkeit zu erlangen. Sie brauchen eine höhere Menge an Bindungshormonen, um sich sozial sicher/ geborgen zu fühlen!

Finden Sie Ihren Hund in diesen Beschreibungen wieder? Jede der genannten Theorien beleuchtet einen anderen Aspekt von Hyperaktivität und hilft, die betroffenen Hunde zu verstehen, denn:

**Hyperaktive Hunde
sind nicht dumm oder aufsässig,
sie können nicht anders!**

DIE URSACHEN IM LEBEN DES HUNDES: ES GIBT NIE NUR EINEN EINZIGEN GRUND!

Was verändert das Gehirn eines Hundes so, dass er hyperaktive Verhaltensweisen zeigt? Warum sind manche Hunde so stressempfindlich? Warum können sie nicht fokussieren? Warum fehlen ihnen die „Bremsen"? Sind sie so geboren? Liegt es an falschen Erziehungsmethoden ihrer Halter? Oder sind sie einfach gestresst?

Hyperaktivität hat viele mögliche äußere Ursachen. Bei den meisten Hunden spielen mehrere Faktoren eine Rolle. So könnte es bei einem Hund zum Beispiel eine angeborene Neigung zur Lebhaftigkeit geben, die durch eine ungünstige Welpen- oder Junghundzeit gesteigert wird. Zusätzlich können Faktoren wie zum Beispiel ein zu nachgiebiger oder auch ein übermäßig harter Halter oder der Versuch, diesen aktiven Hund „auszulasten", das Verhalten des Hundes verschlimmern. In seltenen Fällen reichen nur wenige Faktoren (oder sogar nur einer) zur Entstehung von Hyperaktivität aus. Ein Beispiel dafür wäre eine sehr starke Veranlagung, eventuell kombiniert mit der falschen Haltungsform für diesen Hund. Ein anderes Beispiel wäre die andauernde schwere Misshandlung eines Hundes, denn sie kann für die Entstehung ausgeprägter Symptome ausreichen. Die verschiedenen Ursachen können drei Kategorien zugeordnet werden:

- **Veranlagung,**
- **Bedingungen des Heranwachsens,**
- **Haltung und Erziehung.**

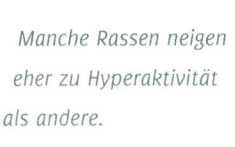

Manche Rassen neigen eher zu Hyperaktivität als andere.

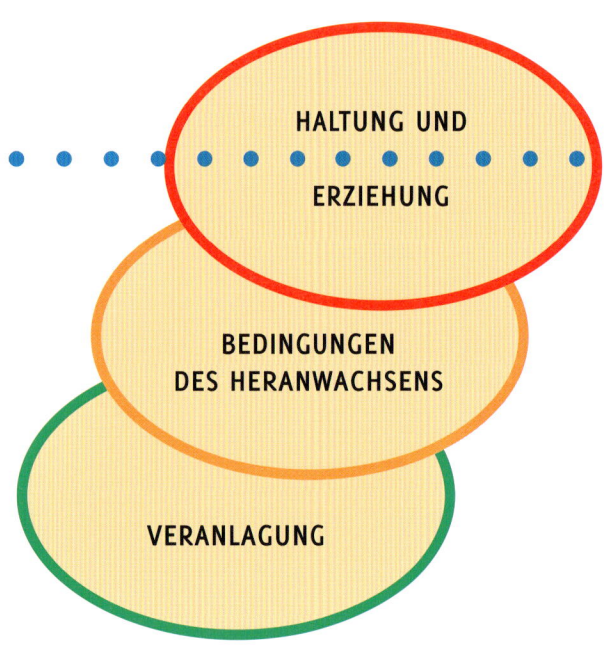

DIE GRENZE DES ERTRÄGLICHEN

Ursachenturm: Bei der Entstehung von Hyperaktivität können diese drei Faktoren eine Rolle spielen. Nicht bei jedem Hund sind alle Faktoren beteiligt. Häufig summieren sie sich jedoch – und verschlimmern das Verhalten des Hundes, bis die Grenze dessen erreicht ist, was Hund und Mensch ertragen können („Die Grenze des Erträglichen"). In extremen Fällen ist ein Faktor (z.B. die Veranlagung) so stark ausgeprägt, dass die Grenze des Erträglichen für Mensch und Hund überschritten wird – obwohl die anderen beiden Faktoren eher gering vorhanden sind.

Im günstigen Fall bedeutet dies: Hat man einen entsprechend veranlagten Hund, kann man durch angemessene Aufzucht und geschickte Haltung und Erziehung dafür sorgen, dass das Zusammenleben mit ihm angenehm bleibt.

Dem Verhaltenstherapeuten oder Trainer werden die Hunde häufig erst mit einem Jahr oder später vorgestellt. Die wichtigen frühen Lebensphasen sind also vorbei, weshalb die beiden Faktoren „Veranlagung" und „Bedingungen des Heranwachsens" nicht mehr beeinflusst werden können. Ist man sich darüber klar, dann besteht trotzdem kein Grund zur Resignation: Die richtige Haltung und Erziehung können das Leben auch zu einem späteren Zeitpunkt noch lebenswerter machen. Kommen dann noch sorgfältiges Management und gezielte Therapie hinzu, kann es sein, dass der „aufsässige Chaot" zum nahezu unkomplizierten Traumhund wird.

Im Folgenden erfahren Sie gegliedert nach den drei Ursachen-Kategorien, welche Einflüsse Hyperaktivität beim Hund begünstigen. Als Halter eines hyperaktiven Hundes wird mindestens ein Aha-Erlebnis für Sie dabei sein!

VERANLAGUNG

Manche Hunde werden mit der Neigung geboren, Konflikte durch Aktivität zu lösen. Dies kann die Ursache sein, wenn schon ganz kleine Welpen strampeln und um sich beißen, sobald man sie hoch nimmt. Andere bringen große Reizempfindlichkeit als Veranlagung mit und wieder anderen ist schon im Welpenalter anzusehen, dass sie Mühe haben, zur Ruhe zu kommen. Hier ist schon der Züchter gefragt, durch die Auswahl der Elterntiere und durch ein geschicktes Angebot von Reizen (z.B. Angebot von vielerlei Reizen unter sorgfältiger Beobachtung des Erregungslevels der Welpen, durch Einhaltung von Ruhephasen, durch Vermeidung von Überstimulation mit Spielzeug oder durch Förderung der Frustrationstoleranz durch vorsichtige (!) Festhalte-Übungen) gegenzusteuern. Er sollte außerdem die Welpenhalter gezielt über entsprechende Eigenheiten ihrer Hunde informieren.

Zu den Hunden mit einer gewissen Neigung zur Hyperaktivität gehören viele der so genannten „Gebrauchshunde".

GIBT ES HYPERAKTIVE RASSEN?

Stellen Sie sich vor, Sie benötigen einen guten Wachhund. Welchen Vierbeiner würden Sie wählen: Einen, der Tag und Nacht entspannt durchschläft – oder den Kandidaten, der beim kleinsten Geräusch bereitwillig den Kopf hebt, anschlägt und aktiv wird? Entsprechendes gilt für Hüte- und Jagdhunde: Unsere Gebrauchshunde sollen reaktionsbereit sein! Sie sollen auf kleine Veränderungen in ihrer Umgebung reagieren, sich bei Fehlentscheidungen schnell korrigieren, ausdauernd und intensiv aktiv sein – und das auch über die „normale" Leistungsgrenze hinaus. Zeigen die Hunde eine bestimmte Aktivität (Stellen des Einbrechers, Folgen einer Fährte, Arbeit an der Herde...), wünschen wir uns, dass sie ihre Aufgabe hoch konzentriert erfüllen und sich auch von Hindernissen und kleinen Unfällen nicht abhalten lassen.

Fällt Ihnen etwas auf? Mit dieser Liste habe ich viele Verhaltensweisen beschrieben, die im Teil 1 „hyperaktiv" genannt wurden:
– niedrige Reizschwelle,
– starke, intensive, ausdauernde Aktivität,
– starke Ablenkbarkeit im Allgemeinen,
– aber hohe Konzentration bei bestimmten Aktivitäten,
– Schmerzen und Frustration wirken eher aktivierend...

Bitte bedenken Sie, dass diese Leistungseigenschaften für Gebrauchshunde durchaus erwünscht sind! Sie sind bei Hunden aus Arbeitslinien (d.h. von Züchtern, die ihre Hunde mit dem Ziel halten, gute Arbeitshunde zu züchten) deswegen besonders ausgeprägt – und können in einzelnen Fällen so extrem sein, dass auch erfahrene Hundehalter und Trainer gefordert, evtl. sogar überfordert sind.

Hütehunde zeigen häufig eine intensive und ausdauernde Aktivität.

Gut informiert und mit etwas Geschick kann man diese Veranlagungen aber erkennen und lenken. Man kann den Hund in seiner Entwicklung so begleiten, dass dieser von Anfang an Ruhe und Selbstbeherrschung lernt – und niemals durch eine übermäßige Reizflut überfordert wird. Hier spielen vor allem bewegte optische Reize eine Rolle. Viele Gebrauchshunde sind durch sich bewegende Reize (Spielzeug, Beutetiere, Fahrräder, Jogger, Autos, flatternde Hosenbeine, rennende Kinder, andere Hunde...) sehr schnell sehr stark stimulierbar. Wird ein junger Hund mit starken Leistungseigenschaften solchen Bewegungsreizen unkontrolliert ausgesetzt, entstehen sehr schnell Verhaltensprobleme wie zum Beispiel
– ein allzu hoher oder dauerhaft erhöhter Erregungslevel,
– das Schnappen in die Kleidung und/ oder Beißschütteln der Leine,
– anhaltendes Aufgeregtheitsbellen,
– das Jagen von Wild, Fahrzeugen, Joggern, ja sogar Blättern im Wind,

- das Verfolgen von rennenden Kindern oder
- grobes Spiel oder Aggression in der Welpen- oder Junghundegruppe usw.

Viele erfahrene Hundehalter wissen um die Eigenheiten ihres Arbeitstieres und nehmen sie mit Geduld und Humor. Aber Achtung: Erlebt ein solcher Hund eine ungünstige Welpenzeit, trifft er auf einen ungeschickten Menschen oder ungünstige Lebensbedingungen, kann aus ihm ein extrem lebhafter und – aus Sicht des Menschen – unkontrollierbarer Hund werden. Ein solcher Hund leidet ganz erheblich, und seine Menschen mit ihm.

Ein weiterer Aspekt ist zu bedenken: Bei unseren Großeltern haben Hunde vor allem auf dem Land gelebt und auf Höfen oder in Zwingeranlagen mit dem (mehr oder weniger) immer gleichen Tagesablauf herumgelegen. Heute leben die meisten Hunde in engen Siedlungen oder in der Stadt mit engem Familienanschluss. Sie sind dort einer viel größeren Reizflut (vor allem bewegter Reize!) ausgesetzt. Außerdem sind Hunde standorttreue Tiere mit einer Bindung ans eigene Territorium. Berücksichtigt man diese natürlichen Voraussetzungen, dann wird schnell klar: Der Mensch erwartet eine ganze Menge von seinem Hund, wenn er ihn „überall hin mitnimmt" und ihm zusätzlich eine Menge Sport und Beschäftigung bietet. So müsste eigentlich jeder Hund vom modernen Lebensstil überfordert sein – oder etwa nicht?! Erstaunlicherweise schaffen viele Hunde die Anpassungsleistung an das moderne Leben. Aufgrund ihrer besonderen Eigenheiten sind Hunde aus Arbeitslinien mit einem solchen Leben schneller überfordert. Nicht jeder von ihnen meistert die Anpassung an ein städtisches Leben und/ oder kommt in einer lebhaften Familie zurecht.

Eine typische Leidensgeschichte eines hyperaktiven „Leistungshundes" könnte so aussehen: Der Hund wird in einer Zwingeranlage geboren. Beide Eltern stammen aus Arbeitslinien. Der Welpe ist vielversprechend und bleibt deswegen relativ lange beim Züchter, weil dieser überlegt, ihn zur weiteren Zucht einzusetzen. Er befindet sich in der Zwingeranlage in einer vergleichsweise reizarmen Umgebung. Schließlich wird er doch abgegeben, weil er sich doch nicht ganz so entwickelte, wie der Züchter es erwartet hatte. Engagierte Menschen mit hundesportlichen Ambitionen, aber ohne Erfahrung mit dieser speziellen Rasse erwerben den Hund und nehmen ihn mit in die Stadt. Durch die damit verbundene Umstellung gerät er in Stress und damit in einen sehr hohen Erregungslevel. Es kommt zu Problemen in der Familie und auf dem Hundeplatz ist kein Trainer der Bewegungs- und Lerngeschwindigkeit des Hundes gewachsen. Der junge Hund wird nicht vor ungünstigen Erfahrungen (z.B. vor einer übergroßen Reizflut) geschützt und beginnt unerwünschte Verhaltensweisen, zum Beispiel gegenüber bewegten Reizen (Jogger, Radfahrer...), auszuleben. Zunehmend härtere Strafen werden eingesetzt, um ihn unter Kontrolle zu bringen. Diese Strafen wirken zusätzlich aktivierend. Der Hund, mit dem niemand klarkommt, wechselt mehrfach den Halter. Jeder neue Halter meint es besser zu wissen als der vorherige und wendet seine eigenen Erziehungsmethoden an. Mit 15 Monaten wird der Hund zur Verhaltenstherapie vorgestellt. Die aktuellen Halter sind enttäuscht darüber, dass diese nicht sofort zur Besserung führt.

DIE BEDINGUNGEN DES HERANWACHSENS

VORGEBURTLICHE URSACHEN

Lebt die trächtige Mutterhündin in einer belastenden Situation, befindet sich ihr Organismus in andauerndem Stress – und das hat Auswirkungen auf die Welpen. Man könnte sagen, die Hundekinder werden auf ein anstrengendes Leben in feindlicher Umwelt vorbereitet, immer bereit zur Flucht oder zum Kampf! Solche Welpen zeigen schneller Stressreaktionen als andere.

DIE FRÜHE KINDERSTUBE

Ganz ähnliche Bedeutung haben die Lebensbedingungen in den ersten Wochen. Müssen die Welpen frieren, sind sie stark verwurmt, werden ihnen Ohren oder Schwänze kupiert oder leben sie in Angst, so kann dies ihren sich entwickelnden Organismus insofern prägen, dass er sich auf ein Leben mit Furcht und Schmerzen vorbereitet. Um das zu vermeiden, ist es von großer Wichtigkeit, dass Welpen beschützt und behütet aufwachsen, Vertrauen zu ihren künftigen Sozialpartnern aufbauen und ihre Umwelt angstfrei erkunden können. Sie sollen es bequem, warm und entspannt haben und sich wohl fühlen. Die notwendigen kleinen Herausforderungen werden ihnen geboten, wenn sie zur Wärme- und Milchquelle, der Mutter, kriechen, mit ihren Geschwistern konkurrieren müssen und vom Menschen bei der täglichen Versorgung „gehandelt" werden!

Diese Welpen lernen frühzeitig eine abwechslungsreiche Umgebung kennen.

Allerdings: Ein gekachelter Raum mit einer geheizten Ecke reicht nicht aus. Er ist zu reizarm und in einer reizarmen Umgebung können die „Filter" nicht trainiert werden: Es gibt gar nicht genug Reize, die „hund" kennen lernen und als „...unwichtig, kenne ich schon, ist gefahrlos..." abhaken könnte. Welpen aus reizarmer Aufzucht haben untrainierte Gehirne. Sie sind sozusagen auf ein Leben in „hygienischer" Umgebung vorbereitet, darauf ist ihr Gehirn „programmiert". Viele Hunde können diesen Mangel, diese Entwicklungsstörung nie wieder ausgleichen! Ziehen sie dann bei ihrer neuen Familie ein, erleben sie in dieser normalen Umgebung eine Art Reizüberflutung. Denn Menschen leben nicht in leeren gekachelten Räumen mit Hobelspänen auf dem Boden.

Bei der Entstehung von Reizempfindlichkeit spielt außerdem die Mutterhündin eine wichtige Rolle: Reagiert sie ängstlich oder mit Aufregung auf Umgebungsreize, Menschen oder Artgenossen, so überträgt sich dies auf ihre Kinder.

Terrierhündin Liesel hat die ersten Wochen ihres Lebens im Dunkeln eines abgedeckten Kälberverschlags verbracht. Menschenkontakte fehlten weitgehend. Als sie diesen Verschlag mit sieben Wochen verließ, war sie blind und konnte nicht laufen. Um die Fähigkeiten zum Laufen oder Sehen zu entwickeln, hätte ihr Gehirn entsprechende Reize und Bewegungen gebraucht. Diese Behinderungen konnte sie durch gezielte Unterstützung und ein vorsichtig aufgebautes Training später zum Teil kompensieren. Für Hunde wie Liesel gilt jedoch: Ihr Gehirn bleibt lebenslang unterentwickelt. Sie leben sozusagen mit einer „Gehirnleistungsstörung", die sie viel empfindlicher gegenüber Reizen macht. Als Folge erleben sie übermäßigen Stress sehr viel häufiger als andere Hunde und unter Stress sind sie sehr unruhig und bellen viel.

Ruhepausen und ruhiges Beobachten sind wichtig für die Entwicklung des Welpen.

Auch ein Zuviel des Guten kann unangenehme Folgen haben: Wird Welpen sehr viel Spiel und Bewegungsmotivation angeboten, lernen sie, viele verschiedene Dinge und Situationen mit „Party-Stimmung" zu verknüpfen. Sie erwarten dies auch von ihrem neuen Halter – und dann sind ihre immer spielbereiten Geschwister (oder Besucher) nicht mehr da, und längst nicht alle Gegenstände sind spieltauglich...

Ständiges „Partymachen" kann die Nerven des jungen Hundes stark strapazieren.

Die Forderung nach vielen neuen Reizen oder Abenteuern für Welpen ist also nicht unproblematisch und sollte unter folgenden Aspekten betrachtet werden:

– Zu wenige Erlebnisse schaden, weil das Gehirn nicht anpassungsfähig genug entwickelt wird.
– Zu viele Erlebnisse (Reizüberflutung, Ängstigung des Welpen) können zu einer dauerhaft aktivierten „Kampf- oder Fluchtbereitschaft" führen.
– Andauernde und häufige Motivation zu Bewegung (z.B. durch zu lange andauerndes Spiel, ausgiebige Beschäftigung durch den Züchter) kann zu dauerhaft erhöhter Aktivitätsbereitschaft führen.

Alle drei Punkte führen zu erhöhter Reizempfindlichkeit und Anfälligkeit für Stress.

Die allererste Beziehung:
Mutterliebe und ihre Bedeutung

Neben den beschriebenen vorgeburtlichen Vorgängen hat die Mutterhündin noch weitere Einflüsse auf die Welpen:

Die allererste Beziehung

Im Allgemeinen scheint angenommen zu werden, dass Hundemütter streng und konsequent sind. Das stimmt jedoch nicht, genau das Gegenteil ist der Fall. Die Hündin verbringt in den ersten Wochen den größten Teil ihrer Zeit bei den Welpen und ist dabei außerordentlich geduldig. Sie erträgt eine Menge unangenehmer Dinge (z.B. Pföteln in die Augen, Benagen der Pfotenballen...) und wendet sich den Welpen häufig in angenehmer Weise zu (Anbieten des Gesäuges, Säubern der Welpen). Diese „Heile-Welt-Erfahrungen" bieten optimale Bedingungen für die Gehirnentwicklung der Welpen.

Ist die Mutterhündin zum Beispiel aufgrund falscher Haltungsbedingungen nervös, ängstlich, abweisend oder hektisch mit den Welpen, dann wird sie das prägen: Viele von ihnen werden als Erwachsene unruhiger, ängstlicher und reizempfindlicher sein – und möglicherweise lebenslang auf der Suche nach dem Zugehörigkeitsgefühl. Ihre Bindungsfähigkeit ist, so wie es oben beschrieben wurde, eingeschränkt.

Grenzen setzen

Wenn die Welpen größer werden, entzieht sich die Mutter immer häufiger, denn in ihrem Körper gibt es immer weniger Brutpflegehormone, die sie zur Welpenpflege drängen, und die Neugier und Spielversuche der größer werdenden, zahnenden Hundekinder werden immer schmerzhafter. Als Folge müssen die Welpen nun lernen, die Frustration auszuhalten, dass ihre Mutter immer häufiger nicht da ist.

Um die fünfte Woche herum beginnt die Phase der Entwöhnung: Die Mutterhündin entzieht sich den Welpen, wenn sie ihr lästig werden, zum Teil während diese noch trinken. So erleben die Kleinen wieder Frustration und möglicherweise auch, dass allzu aufdringliches Verhalten die „Milchbar" zum Verschwinden bringt. Außerdem beginnt die Hündin abzuwehren, wenn die Welpen unangenehm werden. Ausgeprägtes Kauen an den mütterlichen Lefzen oder Pfotenschlagen in die Augen können zum Beispiel Knurrfauchen und Schnappen (meist gezielt am Welpen vorbei oder stark gehemmt) auslösen. Der betroffene Welpe erschreckt sich und weicht rückwärts. So kann er lernen, kleine Schreckerlebnisse auszuhalten und sich schnell wieder von ihnen zu erholen. Gleichzeitig übt er, seine Impulse zu bremsen, die Mutter allzu intensiv mit den Zähnen und Pfoten zu erkunden.

Ist die Mutterhündin mit der Entwöhnung überfordert, zum Beispiel weil ihr Wurf sehr groß ist, weil sie nicht ausweichen kann oder weil sie zu jung oder zu alt ist, dann ist der günstige Einfluss der Entwöhnung geringer. Bei handaufgezogenen Welpen fehlt er ganz! Diese Hunde können später ganz erhebliche Schwierigkeiten mit Frustrationstoleranz und Impulskontrolle aufweisen.

Sich die Ecken abstoßen:
Was Welpen von ihren Geschwistern lernen

Frustrationstoleranz und Impulskontrolle lernen die kleinen Vierbeiner aber auch von ihren Geschwistern: Bei der „Zitzenkonkurrenz", d.h. beim gemeinsamen Drängeln an der mütterlichen Milchquelle, lernen sie vom ersten Tag an, Misserfolge auszuhalten, weil ein anderer Welpe schneller oder stärker war als sie selbst.

Am Gesäuge konkurrieren die Welpen mit ihren Geschwistern. So erleben sie Frustration und erlernen sie auszuhalten.

Im Spiel mit den Geschwistern lernen sie, dass der Spaß ganz schnell vorbei ist, wenn sie zu heftig spielen. Zum Glück hat die Natur das sehr praktisch eingerichtet, denn die körperlichen Fähigkeiten der Welpen entwickeln sich ganz langsam. Wenn die Welpen mit ersten Beiß- und Kampfspielen beginnen, sind sie noch gar nicht in der Lage, kräftig zu beißen, sich schnell zu bewegen, zu rempeln oder zu springen. Ab und zu kommt es aber doch zu heftigem Spiel – und zum Spielabbruch.

Aus solchen Konflikten unter den Geschwistern können die Welpen Impulskontrolle lernen: Man muss sich bremsen und vorsichtig miteinander umgehen – sonst ist das Spiel ganz schnell vorbei. Mit zunehmender Körperkraft geraten die Welpen immer mal wieder in dieses übersteigerte Spielverhalten, das dann abgebrochen wird. Auf diese Weise wird Impulskontrolle die ganze frühe Welpenzeit hindurch geübt.

Natürlich sind die schwereren und stärkeren Welpen diesen Einflüssen nicht so stark ausgesetzt. Bei der Konkurrenz um die mütterlichen Zitzen gewinnen sie regelmäßig, und sie lassen sich durch Abwehrstrampeln, Knurren, Schnappen oder Beißen eines Spielkameraden nicht immer vertreiben.

Sind die Größenunterschiede in einem Wurf sehr groß, dann kann es passieren, dass die Kleinsten sehr „nervös" werden, weil sie zu wenig zur Ruhe kommen. Sie lernen, dass nur heftiges Um-sich-Schnappen unangenehme Erfahrungen beendet. Den „schweren Jungs und Mädels" hingegen fehlt die Erfahrung der Frustration und das Training der Impulskontrolle. Noch schlimmer geht es Einzelwelpen, denn sie können Impulskontrolle in sozialen Situationen und Frustration nicht von den Geschwistern lernen!

Erste Menschenkontakte

Gute Züchter laden Menschen zu Besuch ein. Dies können Freunde oder Familienmitglieder sein – in vielen Fällen sind es die zukünftigen Welpenhalter.

Stellen Sie sich einmal Folgendes vor: Die entzückten Menschen stehen in einem Pulk von Welpen, alle Hundekinder springen hoch, alle beißen in Hosenbeine, Ärmel und Hände. Die Menschen quietschen begeistert! Sie wenden sich dem Welpen zu,

Welpen sollten schon früh fremde Menschen kennen lernen.

Tipps für Züchter:
Nutzen Sie die Besuche der künftigen Welpenhalter, um diese zu instruieren. Es ist besser, wenn die neuen Halter einzeln oder mit wenigen Familienmitgliedern kommen. Legen Sie bei diesen Gelegenheiten Spielzeug aus, mit dem Hunde und Menschen gemeinsam spielen können. Zeigen Sie, wie den Hunden ein Spielzeug als Ersatz angeboten werden kann, wenn sie doch einmal ein Hosenbein erwischen.

der gerade mit ihrem Bein beschäftigt ist, und freuen sich, wie er zappelt und an ihren Fingern knabbert! Sie hocken sich hin, streicheln zu allen Seiten die ganz besonders hartnäckigen Welpen, und setzen Hände und Ärmel gern als Spielzeug ein. Tut es doch einmal weh, wird herzlich gelacht – das kann ja mal passieren!

Vielleicht springen bei Ihnen nun die „Alarmglocken" an? Das ist auch gut so. Denn: Was lernen die Welpen aus solchen Erfahrungen? Menschen bedeuten Aufregung und Spaß. Hochspringen, Zerren an Hosenbeinen, kräftiges Beißen in Finger und Menschenhaare, Zappeln, wenn es langweilig wird... all das mündet in Zuwendung und so wird eine wichtige Gelegenheit verpasst, Frustrationstoleranz („Zappeln bringt nichts!") und soziale Impulskontrolle („Spiel ist vorbei, wenn man unvorsichtig ist!") gegenüber Menschen zu erlernen. Stattdessen werden durch die Zuwendung Verhaltensweisen bestätigt, die später ausgesprochen lästig werden können!

DAS GROSSE ABENTEUER – DER UMZUG INS NEUE HEIM

Der Abschied von der Mutter, den Geschwistern, dem permanenten Körperkontakt, der gewohnten Umgebung – das ist für manchen Hund der größte Schock, den er je erleben wird. Und es kommt noch mehr, denn in seiner neuen Umgebung ist er überflutet mit neuen Reizen, weshalb sein inneres „Stress-System" auf Hochtouren arbeitet. Er braucht dringend Körperkontakt und Ruhe.

Viele Welpen erleben dann jedoch Folgendes:
- Sie werden völlig unbekannten Menschen in den Arm gelegt, um dann zwischen der ganzen Familie hin- und hergereicht zu werden.
- Sie fahren zum ersten Mal Auto und müssen sich dabei oftmals erbrechen. Das Geschrei der Menschen deswegen ist groß!
- Im neuen Zuhause legt sich die Aufregung nicht. Der Welpe macht eine Pfütze auf den neuen Teppich. Große Aufregung bei den Menschen – vielleicht sogar Zurechtweisungen...
- Die ganze Familie ist in heller Begeisterung über den niedlichen Kleinen! Nachbarskinder kommen

zu Besuch, weil auch sie mit dem Welpen spielen wollen.

- Nachts soll er im Flur oder in der Küche schlafen. Die frischgebackenen Halter haben aus veralteten Quellen gelernt: Jetzt heißt es konsequent sein und alles Jammern und Schreien ignorieren! Die ersten Nächte sind dann natürlich furchtbar für den einsamen Welpen, der zum ersten Mal verlassen von der Mutter und den Geschwistern klarkommen muss, aber irgendwann resigniert der hilflose junge Hund und schläft erschöpft ein.
- Am nächsten Tag wird eine Welpenstunde besucht – man will ja alles richtig machen!
- Die ganze Familie ist begeistert von dem kleinen Hund. Sie freut sich an seinen Aktivitäten und reagiert gern auf Spielaufforderungen.
- Kleine „Fehltritte" lösen entweder nachsichtiges Entzücken oder übergroßes Entsetzen aus.

Jedes dieser Erlebnisse kann die Entstehung von Hyperaktivität fördern, denn statt den Welpen langsam an die neue Umgebung zu gewöhnen und ihm in den ersten Tagen viel Ruhe zu geben, wird er mit Reizen überflutet. Statt ruhigem Körperkontakt wechseln übermäßige Aktivität und Isolation (nächtliche Einsamkeit ist besonders ungünstig). Aktivität (auch unerwünschte Verhaltensweisen) löst Zuwendung der Menschen aus, während ruhiges Verhalten ignoriert wird.

TEENAGER AUF VIER PFOTEN: SIND SIE ALLE HYPERAKTIV?

Genau wie bei uns Menschen gibt es vierbeinige Teenager, die so richtig „über die Stränge schlagen" – und das kommt in den besten Familien und bei bester Erziehung vor! Andere Teenager überstehen diese schwierige Zeit, ohne auffällig zu werden.

Genau wie menschlichen Teenagern gehen heranwachsenden Hunden bestimmte Fähigkeiten vorübergehend verloren.

- Ihre Selbstbeherrschung sinkt erheblich.
- Sie interessieren sich sehr stark für Dinge, die außerhalb ihrer Familie und ihres Wohnumfeldes liegen.
- Sie geraten häufiger mit gleichgeschlechtlichen Artgenossen in Konflikt.
- Sie bewegen sich gern und viel...
- und reagieren manchmal übermäßig heftig.
- Sie interessieren sich brennend für andere Hunde – und geraten in Aufregung, wenn sie nicht zu ihnen können.
- Sie können Frustration schlechter aushalten.
- Häufig sind sie in dieser Zeit insgesamt lebhafter.

Schuld daran sind innere Prozesse: Der Hund erlebt Hormonschwankungen und sein Gehirn befindet sich im Umbau. Viele Hunde befinden sich dadurch in einer Stress-Situation mit stresstypischen Symptomen (Unruhe, Reizempfindlichkeit). Das Ausmaß dieser Veränderungen ist von Hund zu Hund unterschiedlich und wird auch unterschiedlich stark erlebt.

Werden diese Vorgänge und Verhaltensveränderungen vom Menschen fehlinterpretiert und mit Härte oder Nachlässigkeit beantwortet, können daraus hyperaktive Symptome resultieren.

Der richtige Umgang mit vierbeinigen Teenagern
Sind also Verständnis, Fürsorge und Nachgiebigkeit die richtigen Lösungen? Sicher nicht. Sonst besteht die Gefahr, dass unser Hund dieses draufgängerische Verhalten lebenslang beibehält.

Tipps für Halter von Heranwachsenden:
- **Stellen Sie Regeln auf!** Aber nur solche, die Ihr Hund einhalten KANN! Der heranwachsende Hund braucht Grenzen, damit sein Gehirn sich optimal entwickelt. Zu strenge Forderungen bringen jedoch nur Frustration und Aufregung. Beispiele: Hatten Sie Ihren Welpen gelehrt, dass er sich setzen muss, bevor die Tür ins Freie aufgeht – dann kann es sein, dass die Einhaltung dieser Regel nun zum Kampf wird, weil der pubertierende Hund einfach zu aufgeregt ist, um sie einzuhalten. Da wir Menschen die Regeln machen, steht es uns frei, diese gelegentlich neu zu definieren. Also könnte Ihre neue Regel heißen: Stehenbleiben und den Menschen anschauen reicht aus. Hatten Sie bisher Regeln, die ein längeres Ausharren (z.B. Sitzenbleiben, während der Futternapf vorbereitet wird) erfordern, dann müssen Sie jetzt eventuell die Dauer verkürzen. Keine Angst, Sie können die geforderte Zeitspanne später wieder erweitern. Lesen Sie dazu „Integrierter Gehorsam" im Therapie-Teil dieses Buches!

- **Überfordern Sie sich und Ihren Hund nicht.** Erwarten Sie keine überragenden Leistungen im Training oder im Alltag. Vergleichen Sie sich niemals mit anderen Teams und ignorieren Sie Aussagen von anderen Leuten wie „Das müsste er in diesem Alter schon können!", denn sie kennen sich wahrscheinlich mit der Symptomatik von hyperaktiven Hunden nicht aus. Erziehung ist etwas sehr Individuelles: Das Lerntempo und die Konzentrationsfähigkeit eines Hundes können variieren, weshalb Ihnen kein Außenstehender sagen kann, was Ihr Hund schon können sollte – oder was man noch nicht von ihm erwarten kann.

- **Suchen Sie Umgebungsbedingungen, in denen Ihr Hund wenig Gelegenheit hat, „unartig" zu sein.** Besonders wichtig ist dies für „Gebrauchshunde": Jagdprobleme zum Beispiel entstehen in dieser Altersphase besonders häufig. Halten Sie Ihren Hund von den Auslösern (z.B. einer wildreichen Umgebung) fern und leinen Sie ihn an, bevor er in Versuchung kommt (z.B. Kühe zu hetzen).

- **Meiden Sie in dieser Lebensphase Situationen, von denen Sie wissen, dass Ihr Hund sich daneben benehmen wird.**

• **Lassen Sie nicht zu, dass Ihr Hund unerwünschtes Verhalten zeigt.** Das Verhalten heranwachsender Hunde kann schwanken. So kann es passieren, dass Ihr junger Rüpel plötzlich anfängt, an Besuchern aufzureiten oder sich allzu offensichtlich für den Genitalbereich Ihrer besten Freundin zu interessieren, oder dass Ihr vierbeiniges Schätzchen kläffend auf dem Hundeplatz herumsaust. Unterbrechen Sie solches Verhalten so schnell und so ruhig wie möglich, halten Sie Ihren Hund fest, leinen Sie ihn an oder, wenn es ihm schwer fällt, sich zu beruhigen, bringen Sie ihn in einen Nachbarraum oder ins Auto. Letzteres natürlich nur bei Wetter, das diese Lösung zulässt!

• **Sichern Sie Ihren Hund häufiger.** Nehmen Sie ihn zum Beispiel in wildreichen Gebieten an die Leine (dies gilt nicht nur für Jagdhunderassen!), nehmen Sie ihn auch im Haus an die Leine, wenn Besuch kommt, der ihn im guten Benehmen überfordert. So können Sie ihn in Ihrer Nähe behalten und lenken. Riskieren Sie beim Zusammentreffen mit anderen Hunden etwas weniger, weichen Sie im Zweifelsfall aus oder nehmen Sie Ihren Hund an die Leine.

• **Planen Sie Hundekontakte so, dass Ihr Hund lernt, was er lernen soll.** Meiden Sie größere gemischtgeschlechtliche Gruppen; Ihr „süßer kleiner Junge" wird möglicherweise allzu aufdringlich gegenüber den Hündinnen und könnte nebenbei beginnen, sich mit den anderen „Jungs" zu prügeln. Ziehen Sie gemeinsame Spaziergänge gegenüber wildem Spiel auf dem Hundeplatz vor und suchen Sie Kontakt zu ausgeglichenen erwachsenen Hunden.

• **Arbeiten Sie weiterhin am Gehorsam** und an der Verbesserung von Impulskontrolle und Frustrationstoleranz (Lesen Sie hierzu im Therapieteil nach!).

• **Rechnen Sie damit, dass manchmal gar nichts klappt und verzweifeln Sie dann nicht.**

Der falsche Umgang mit vierbeinigen Teenagern

• Viele Hundehalter machen die Erfahrung, dass Trainer die Welpenstunden sehr umsichtig und vorsichtig gestalten. Ab dem Junghundealter beginnt dann plötzlich der so genannte „Ernst des Lebens". Nun wird härter gestraft und es wird plötzlich viel mehr verlangt, damit der junge Vierbeiner bloß nicht über die Stränge schlägt. Auf manchen Hundeplätzen wird routinemäßig ein Stachelhalsband gereicht, wenn der Hund sechs Monate alt wird. Und die Zeiten von Brustgeschirr und langer Leine sind dann sowieso vorbei!

Die Junghunde, verwirrt und gestresst durch sprudelnde Hormone, und weil ihre Welt sich plötzlich so sehr verändert, erfahren von ihren Haltern mit solchen Methoden zunehmend schmerzhafte Behandlung, in vielen Fällen auch noch verbunden mit schlechtem Timing und unpassender Intensität.

Zu einem solchen „Erwachsenenprogramm" kann dann auch gehören, die jungen Hunde nahe zu anderen Hunden ins „Platz" zu legen oder „bei Fuß" zu führen. Genau das geht in diesem schwierigen Alter aber nicht, denn die geringere Distanz zu anderen Hunden wird sehr viele junge Vierbeiner schlichtweg überfordern!

Nicht wenige Junghunde werden durch solche Behandlungen immer aktiver, immer nervöser – und aggressiver! Denn es beginnt folgender Lernprozess: Im Gehirn der jungen Hunde werden unangenehme Erfahrungen mit dem Anblick von Artgenossen verknüpft. Auf diese Weise üben sie ein, dass das Auftauchen von anderen Hunden nichts Gutes für sie bedeutet. Eine weiterer Vorgang fördert diese ungünstige Entwicklung: Aufgrund des hohen Erregungslevels sinkt die Frustrationstoleranz der Hunde, daher „ärgert" es sie noch viel mehr, dass sie nicht zu den anderen Vierbeinern gelangen.

Es ist gut zu verstehen, dass kläffende, zerrende Junghunde, die gar nicht mehr gehorchen, und frustrierte Halter mit vorwurfsvollen Gesichtern bei einem Trainer Stressreaktionen hervorrufen. Dies sollte jedoch nicht zu einer übermäßig harten Trainingsweise führen! Besser ist es, die Halter schon in der Welpenzeit darüber zu informieren, was auf sie zukommen kann – und in der schwierigen Phase die Anforderungen vorübergehend zu senken.

• Ganz ähnliche Fehler werden im Alltag gemacht. Die Aussagen „Nun kommt er in das Alter, in dem er mich testet!" oder „Im Augenblick testet sie laufend ihre Grenzen" hört man viel zu oft. Sie sind fachlich falsch und ungerecht gegenüber dem Hund. Gehen Sie geduldig, fair und konsequent mit Ihrem Hund um, dann überstehen Sie diese schwierige Phase am besten.

• Auf der anderen Seite kann auch allzu große Nachgiebigkeit zu Schwierigkeiten führen. Manche von uns haben gut in Erinnerung, wie niedlich unser Hund als Welpe war – und finden ihn immer noch so entzückend, auch wenn er jetzt schon 30 kg wiegt. Es kann für uns Menschen außerordentlich schwierig sein, ein so überstarkes Bedürfnis zu kontrollieren, dem „Fellkind" Zuwendung zu zeigen, denn auch wir werden manchmal von Bindungs- oder Brutpflegehormonen gesteuert! So erlauben wir dem Hund Dinge, die uns unangenehm sind (z.B. den Sprung auf den Schoß oder Anspringen), oder geben wider besseres Wissen nach (z.B. bei besonders eifrigem Leineziehen). Aber: Wir schaden unseren Hunden, wenn wir unser Bedürfnis, sie zu verwöhnen, nicht zügeln. Hunde brauchen feste Regeln, um eigene Bremsen entwickeln zu können! Halter, die merken, dass ihnen die sachliche Distanz zum eigenen Hund fehlt, sollten sich einen kompetenten Trainer für ein Einzeltraining suchen.

Spielgruppen und die soziale Impulskontrolle

Menschen macht es Freude, Hunden beim Spiel zuzusehen. Viele hegen darüber hinaus die Hoffnung, dass Hunde im Spiel angepasstes Sozialverhalten einüben. Manchmal ist jedoch das Gegenteil der Fall. Dies trifft ganz besonders für Spielgruppen zu, in denen Hunde ungebremst über längere Zeit miteinander spielen. Hier wird vor allem Aufregung und schnelles, körperbetontes und oft (zu) grobes Spiel eingeübt.

Vielen Hunden, die regelmäßig an Spielgruppen teilnehmen, geht die Vorsicht im Umgang mit anderen Hunden (ihre soziale Impulskontrolle) verloren. Sie lernen Aufregung und Unruhe im Umgang mit anderen Hunden und geraten in diese Stimmung auch dann, wenn sie im Alltag auf dem Spaziergang einem Hund begegnen. Dies gilt ganz besonders für Hunde, die bereits lebhaft sind und keine gute Impulskontrolle und Frustrationstoleranz entwickeln konnten.

Andere – gerade sensible oder kleinere Hunde – sind im freien Spiel ganz erheblich im Stress. Sie wissen, dass sie jedes Mal mit blauen Flecken nach Hause gehen, denn sie werden über den Haufen gerannt und haben im Rennspiel oft die Rolle des Gejagten. Sie erlernen, dass das Zusammensein mit anderen Hunden aufregend und immer etwas beängstigend ist. Ganz automatisch geraten sie in Unruhe, wenn sie anderen Hunden begegnen.

Hunde profitieren viel mehr von ausgewählten und beaufsichtigten Hundekontakten, bei denen der Mensch einschreitet, bevor die Vierbeiner etwas Unerwünschtes lernen. Es ist außerdem besser, mit den Hunden spazieren zu gehen, als stationär auf einem Fleck zu bleiben. Auf dem Spaziergang entdecken die Hunde Ablenkungen (z.B. gemeinsame Schnüffelstellen) und beschäftigen sich nicht ausschließlich miteinander. Statt immer schneller zu spielen, entdecken sie gemeinsam die Umgebung.

HALTUNGSBEDINGUNGEN UND ERZIEHUNG

Ungünstige Lebensumstände können lebenslang Hyperaktivität fördern oder sogar hervorbringen.

KÖRPERLICHE ERKRANKUNGEN: DER TIERARZT KANN HELFEN

Es ist überraschend, wie viele Verhaltensprobleme körperliche Ursachen haben – oder durch Erkrankungen verschlimmert und „in Gang gehalten" werden. Schmerzen in Gelenken zum Beispiel können bei Hunden Unruhe und Reizbarkeit auslösen.

Arko war ein unruhiger Collie-Mischling, der ganz ausgeprägt auf die Türklingel reagierte. Außerdem wollte er sich nicht anleinen lassen und kam nicht

Viele junge Hunde sind mit Unruhe und Aufregung in Spielgruppen überfordert und reagieren dann in Alltagssituationen schneller gereizt.

Viele Verhaltensprobleme haben körperliche Ursachen. Lassen Sie deshalb Ihren Hund vor einem Verhaltenstraining gründlich untersuchen.

auf Zuruf, wenn er die Leine sah. Er schnappte, wenn man versuchte nach seinem Halsband zu greifen. Weil er oft an seinen Vorderpfoten leckte und nagte, wurde ein Problem im Bereich der Halswirbelsäule vermutet, denn wenn uns Menschen die Hände kribbeln, stecken manchmal Verspannungen in Schultern oder Nacken dahinter – und bei Hunden kribbeln dann die Vorderpfoten! Unterstützt wurde diese Annahme durch die Tatsache, dass er mit Leinenruck trainiert worden war und dies Erkrankungen der Halswirbelsäule verursachen kann. Arkos Abneigung gegen das Anleinen verschwand, als ein Brustgeschirr benutzt wurde. Eine chiropraktische Untersuchung ergab mehrere Verschiebungen in der Halswirbelsäule, die behandelt wurden, worauf sein Verhalten ruhiger und ausgeglichener wurde. Ein zusätzliches gezieltes Training verringerte seine Aufregung beim Hören der Türklingel.

Bei allen Verhaltensauffälligkeiten sollte eine gründliche medizinische Untersuchung erfolgen. Ganz besonders wichtig ist dies bei Hyperaktivität. Eine sorgfältige Überprüfung der wichtigen Organe auf Schmerzen und Fehlfunktionen, auf neurologische Probleme und Wahrnehmungsstörungen und eine umfassende Blutuntersuchung sollten vorgenommen werden, denn Verhaltenstherapie und Training scheitern, wenn eine körperliche Erkrankung die Ursache für das Problem ist.

DIE LEBENSUMSTÄNDE MACHEN HYPERAKTIV

Alles nur Langeweile?

Viele Menschen vermuten mangelnde Auslastung, wenn ein Hund unruhig ist. Bestimmt bekommt er zu wenig Bewegung – oder er bekommt Bewegung, aber keine „Kopfarbeit". Andere widersprechen vehement und führen an, dass die Vorfahren unserer Hunde (gerade die Gebrauchshunde!) die meiste Zeit auf dem Hof oder im Zwinger herumgelegen haben und nur gelegentlich bewegt oder beschäftigt wurden. Also brauchen unsere Hunde auch kein Beschäftigungsprogramm!
Und was ist nun richtig?

Wie viel wir unsere Hunde ausführen oder beschäftigen ist vor allem kulturell bedingt: Wir Deutschen sind ein Volk von begeisterten Spaziergängern – am liebsten mit Hund! In anderen Ländern (z.B. den USA) werden Hunde, egal welcher Rasse, selten spazieren geführt, trainiert oder beschäftigt.

Allerdings: Ein Hund, der nach Bewegung strebt, muss die Möglichkeit zur Bewegung haben! Es ist dabei jedoch wichtig zu beobachten und gegebenenfalls zu verhindern, dass er durch die Bewegung noch aufgeregter wird („sich hineinsteigert"). Auch sollte die Dauer der Bewegung begrenzt werden.

Viele Hunde werden aktiver, manche auch nervöser, wenn sie zu viel, zu oft oder auf die falsche Weise beschäftigt werden. Dies kann von Hund zu Hund sehr unterschiedlich sein. Eine Beschäftigung, die Asta konzentriert ausführt, und die ihr hilft ruhiger zu werden, macht Beppo erst richtig zappelig. Der wichtigste Hinweis zur Wahl der Beschäftigung ist: Meiden Sie jede Beschäftigung, die Ihren Hund sofort aufgeregter macht oder die dazu führt, dass er nach dem Ausruhen (z.B. ein paar Stunden später oder am nächsten Tag) nervöser als sonst ist. Die folgenden Tipps helfen Ihnen bei der Auswahl von geeigneten Aktivitäten.

Geeignete und ungeeignete Beschäftigungen:

- Alle Sportarten, die schnelle Bewegung erfordern oder die Hunde in begeisterte Aufregung bringen, können aktiven Hunden schaden, indem sie übermäßig aktivieren. Ruheübungen wie zum Beispiel Platzübungen, Kauen und Benagen von erlaubten Dingen oder Futtersuche am Boden können helfen, nach schnellen Bewegungen den Erregungslevel wieder zu senken. Gelingt dieses Zur-Ruhe-Kommen bei Ihrem Hund gut, dann sind solche Beschäftigungen für kurze Zeiten erlaubt. Gelingt dies nicht, sollten Sie diese Beschäftigungsarten streichen.
- Beutewurfspiele und wilde Spiele mit anderen Hunden bergen ebenfalls die Gefahr der übermäßigen Aktivierung.

Ein ruhiges Spiel mit dem Ball ist erlaubt.

Wenn Sie solche Spiele durchführen, achten Sie darauf, dies nur selten und in kurzen Zeiteinheiten zu tun und beobachten Sie, ob Ihr Hund sich danach auch schnell wieder beruhigen kann.

- Manche Hunde lieben eine Beschäftigung ganz besonders und entdecken im Alltag Situationen oder Gegenstände, die sie an ihre Lieblingsbeschäftigung erinnern. Dann freuen sie sich und werden unruhig. In extremen Fällen sollte diese Tätigkeit gar nicht mehr oder nur kurz mit nachfolgender Entspannung angeboten werden.

Lana, eine Schäferhündin, war bällchenbegeistert. Insgesamt wurde täglich über eine Stunde Ball mit ihr gespielt. Auch auf dem Spaziergang hatte sie ihren Ball immer dabei. Nach und nach begann sie, überall Bälle zu erkennen: Äpfel, Lampen, runde Uhren – alles, was rund war, löste Aufregung aus. Weil ihnen die Unruhe ihres Hundes lästig war, entfernten ihre Halter nach und nach alles Runde aus ihrer Wohnung oder verstauten es in Schränken. Lana konnte geholfen werden, indem die Spieldauer nach und nach immer weiter reduziert wurde. Gleichzeitig wurden ruhigere Beschäftigungen angeboten.

- Sorgfältig geplantes Gehorsamstraining hilft vielen hyperaktiven Hunden. Allerdings sollte das Erregungsniveau während und nach dem Training im Auge behalten werden. Wird ein Hund im Training immer aufgeregter, dann sollte sofort unterbrochen und nach der Ursache gesucht werden.

- Training auf dem Hundeplatz hat viele Vorteile. Leider sind unsere Vierbeiner auch beim allerbesten Training einer Reizflut ausgesetzt, mit der nicht alle zurechtkommen. Deswegen trainieren Sie nicht zu häufig auf dem Hundeplatz oder in der Hundeschule. Nur ausgeglichene Hunde kommen mit mehrmals wöchentlichem Training zurecht.
- Erkunden von neuen Umgebungen, Kennenlernen von neuen Menschen und Hunden, Suchspiele, Nasenarbeit, langsame Körperarbeit (z.B. nach Tellington oder physiotherapeutische Übungen), Kauen an erlaubten Gegenständen, Massagen und „Sofaliegen" mit Menschen sind ideale Beschäftigungen für Hunde.
- Im Kapitel „Therapie" werden einige sinnvolle – ja sogar heilsame – Beschäftigungen vorgestellt.

Diese Hündin hat keinen Spaß beim Stadtbesuch.

Tipp:
Für die meisten Hunde gilt: Weniger ist mehr.
☺ ☺ ☺

Egal, wie Sie Ihren Hund beschäftigen: Vermeiden Sie Druck und Strafen, planen Sie gut und überprüfen und verbessern Sie laufend Ihre eigenen Fähigkeiten. Gerade bei hyperaktiven Hunden ist es außerordentlich wichtig, die Art und Menge der Beschäftigung sorgfältig zu wählen, eventuell auszuprobieren und langsam zu verändern, bis ein gutes Maß gefunden ist. Dieser Balanceakt zwischen zu viel und zu wenig ist manchmal schwierig.

Weitere Einflüsse der Haltung auf die Lebhaftigkeit von Hunden

Zu viel Hektik

Lebt ein reizempfindlicher Hund in einer lebhaften Familie, begleitet er seinen Menschen zur Arbeit in einen gut besuchten Betrieb, wird er bei jedem Anlass (Straßenfest, Kindergeburtstag, Wochenendurlaub, Stadtbummel, Kneipenbesuche...) mitgenommen, so wird er häufig übermäßig stimuliert. Für manche Hunde beinhaltet selbst nur ein einziger der aufgeführten Punkte zu viel Stimulation.

Zu wenig Sicherheit

Das Bedürfnis nach Sicherheit ist für jeden Hund ein zentraler Punkt! Es ist ein wichtiges Ziel eines jeden Hundes, Bedrohungen zu vermeiden oder zumindest zu reduzieren. Was von einem Hund als Bedrohung erlebt wird, ist ganz unterschiedlich. Für sensible Hunde können beispielsweise plötzliche Berührungen durch streichelbedürftige oder neugierige Menschen, Störungen beim Ruhen, beängstigende Geräusche von draußen oder ungeschickte Erziehungsversuche deutliche Verunsicherung hervorrufen.

Sehr sensible Hunde klappen oft beim geringsten Geräusch förmlich zusammen.

Übermäßige Härte bei Erziehung und Training ist für alle Hunde schädlich. Aber wo fängt übermäßige Härte an? Das ist von Hund zu Hund unterschiedlich. Allgemein gilt: Kein Hund braucht Härte! Hunde brauchen stattdessen gut informierte Halter, die sorgfältig erziehen. Gerade sehr lebhafte Hunde werden von überforderten Haltern häufig mit besonderer Härte behandelt, was das Verhalten des Hundes ganz erheblich verschlimmern und Hyperaktivität hervorrufen kann.

Hunde, die sich nicht sicher fühlen, lassen dies an ihrer Körpersprache erkennen. Sie sind unruhig, reizempfindlich und zeigen immer wieder ein ängstliches Ausdrucksverhalten. Andere haben ein reduziertes Ausdrucksverhalten, ihr Gesicht und ihre Körpersprache wirken ruhig oder „maskenhaft". Sie schauen ihre Hundeführer nicht oder nur selten an.

Zu wenig Grenzen

„Positives Hundetraining" darf nicht mit „Alles ist erlaubt" verwechselt werden. Hunde jeden Alters profitieren davon, wenn Regeln (z.B. Hinsetzen vor dem Ableinen, vor dem Abstellen des Futternapfes, Warten, bevor eine Tür nach draußen durchlaufen werden darf...) oder Verbote (Du darfst nicht in die Speisekammer, nicht auf das neue Sofa, nicht an den Schuhen kauen...) aufgestellt werden. Regeln und Verbote bedeuten nämlich, dass der Hund seine spontanen Wünsche nicht verwirklichen kann, sie sozusagen beherrschen muss. Damit sind sie „Übungen zur Impulskontrolle", die im Alltag verteilt sind. Fehlen diese Grenzen, dann fehlt das alltägliche „Selbstbeherrschungstraining". Die Fähigkeiten des Hundes, sich zu bremsen und Frustration auszuhalten, nimmt ab.

> **Übrigens:**
> Regeln und Verbote müssen nicht mit Gewalt durchgesetzt werden – das macht Hunde nur aufgeregter. Sie können auf durchdachte und sachliche Weise gelehrt werden.

Dieser Hund hat gelernt, erst auf ein Kommando hin seinen Futternapf zu leeren.

Ist der Halter schuld?

Gibt es bestimmte Typen von Hundehaltern, die praktisch jeden Hund hyperaktiv machen würden? Und wenn Sie dies mit „Ja" beantworten: Sind Sie ein solcher Mensch? Diese Frage ist augenzwinkernd gemeint. Überlegen Sie trotzdem, ob einige der folgenden Merkmale auf Sie zutreffen:

Belohnung von Hyperaktivität

Manchmal berichten Eltern, dass ihre Kinder alles Mögliche probieren, um Aufmerksamkeit zu bekommen. Sie nehmen Schimpfen und Strafen in Kauf, wenn sie nur im Mittelpunkt stehen. Ähnliches gibt es bei Hunden! Unsere Vierbeiner machen die ungewöhnlichsten Sachen, nur um Aufmerksamkeit oder Zuwendung zu erhalten. Und in aller Regel sind es Aktivitäten (und nicht z.B. ruhiges Liegen), die sie dazu einsetzen.

Denn: Ruht ein Hund oder bewegt er sich langsam, dann wird er in Ruhe gelassen. Wenn er aktiv wird, dann wendet man sich ihm zu. Man zeigt Freude oder Ärger – und auf einen Hund, der Zuwendung haben möchte, wirkt beides belohnend!

Beispiel Bellen: *Ein junger Hund bellt spielerisch – und der Mensch geht darauf ein. Er spricht freundlich mit dem Vierbeiner, holt vielleicht einen Ball. Dann bellt der Hund an der Tür zum Garten, worauf der Mensch kommt und sie öffnet. Ein anderes Mal freut sich der Hund auf sein Futter und bellt aufgeregt – natürlich beeilt sich sein Halter, den Napf herunterzustellen... – und auf diese Art und Weise kann ein Hund im Handumdrehen zum „Kläffer" werden.*

Strafen

Grundsätzlich gibt es zwei Formen von Strafen: Bei der „positiven Strafe" wird dem Hund etwas Unangenehmes zugefügt (z.B. durch Zurechtweisung, Leinenruck oder Schlagen). Eine „negative Strafe" bedeutet, dem Hund etwas wegzunehmen. Negative Strafen werden im Training eingesetzt, wenn ein Mensch seinen Hund ignoriert (die Aufmerksamkeit des Menschen wird dem Hund weggenommen), wenn der Hund ein Leckerchen nicht bekommt oder wenn so genannte „Auszeiten", in denen der Hund keinerlei Zuwendung erhält, eingesetzt werden.

Strafen können nur verstanden werden, wenn sie fachgerecht angewandt werden. Sollen sie überhaupt wirksam werden, müssen folgende Regeln eingehalten werden:

- Die Strafe muss sofort erfolgen. „Sofort" bedeutet: Sie haben nicht mehr als eine Sekunde Zeit!
- Sie muss immer, wirklich immer, erfolgen, wenn das unerwünschte Verhalten gezeigt wird. Wenn Sie nicht immer dabei sind, wenn Ihr Hund das unerwünschte Verhalten zeigt, dann wird er aus Ihrer Strafe nur lernen, Sie zu fürchten – und sich nach Ihnen umzuschauen, bevor er das nächste Mal zum Beispiel ein Würstchen klaut.
- Die Strafe muss hart genug sein, um das Verhalten sicher zu unterbrechen. Beginnt der Hund sofort wieder – oder macht er einfach weiter? Dann war die Strafe nicht hart genug..., was natürlich nicht heißen soll, dass Sie Ihren Hund mit besonderer Härte züchtigen sollen, damit die Strafe auch in jedem Fall wirksam ist! Denken Sie stattdessen über Folgendes nach:

In den meisten Fällen, in denen wir Hunde strafen, können wir die o.g. Regeln nicht einhalten. Trotzdem nehmen wir uns das Recht, in vielerlei Situationen zurechtzuweisen.

Bevor Sie über Strafen wie Schimpfen oder Züchtigungen nachdenken, bedenken Sie:

- Hyperaktiven Hunden fällt es sehr schwer, aus Strafen zu lernen.
- Strafe wirkt oft stimulierend! Sie löst Frustration oder Angst aus und beides macht unruhige Hunde noch unruhiger!
- Positive Strafe führt oft zu einem Vertrauensverlust zwischen Hund und Mensch. Dies erklärt die auffallend positiven Veränderungen in der Hund-Mensch-Beziehung, wenn Halter von Erziehungsmethoden, die auf positiver Strafe basierten, auf Erziehung durch Belohnung umsteigen.
- In vielen Fällen unterbricht die Strafe das unerwünschte Verhalten. Dies überzeugt den handelnden Menschen: „Ich habe das Richtige getan!" Das Verhalten taucht aber immer wieder auf – es muss also immer weiter gestraft werden.
- Der Stress, der im Körper des Hundes insbesondere durch positive Strafen ausgelöst wird, kann

sich mit der Zeit summieren, wodurch der Hund immer unruhiger wird.

- Strafreize werden vom Hund mit der Situation verknüpft. Tritt eine ähnliche Situation auf, kann der Hund aufgeregter und emotionaler reagieren. Er wird von Strafe zu Strafe nervöser.

Zu den unglücklichsten Fällen in der verhaltenstherapeutischen Praxis gehören lebhafte oder hyperaktive Hunde, bei denen ausschließlich oder überwiegend durch konsequente positive Strafe versucht wurde, ihr Verhalten zu beherrschen. Das Leben hat sich für diese Hunde wie eine fortgesetzte Folter gestaltet. Diese Hunde können ähnliche Symptome zeigen wie traumatisierte Menschen, die unter einem „posttraumatischen Stress-Syndrom" leiden. Sie haben plötzliche Erinnerungen, die Panik oder Aggression hervorrufen, leiden unter starken Stress-Symptomen (inklusive Unruhe, übermäßigen Reaktionen und Reizempfindlichkeit), oft ausgeprägten Ängsten und manchmal unter extremer Aggressionsbereitschaft.

Wenn Sie einen hyperaktiven Hund haben, kann es Ihnen schnell passieren, dass Sie ihn strafen, denn er macht ja so oft so viel falsch! Trotzdem: Für die meisten hyperaktiven Hunde gilt, dass Strafen kontraproduktiv sind. Andere Maßnahmen sind besser geeignet! Mehr darüber lesen Sie im Teil 3 „Therapie bei Hyperaktivität". Wenn Sie bemerken, dass Ihnen die Nerven durchgehen, halten Sie sich vor Augen, dass Ihr Hund Ihnen nicht absichtlich schaden will. Er ist einfach hyperaktiv!

Flucht ins Hobby: Ein typisches Problem von überforderten Hunden

Was machen Sie, wenn Sie gestresst sind? Greifen Sie zur Zigarette, zu Schokolade oder Chips? Gehen Sie joggen oder landen Sie jeden Abend auf der Tanzfläche oder an der Bar? So eine „Flucht ins Hobby" kennen wir auch bei Hunden. Viele von ihnen rennen plötzlich los und können gar nicht mehr aufhören. Andere gehen Jagen, trinken häufig oder andauernd, nehmen ungeeignete Gegenstände und zerkauen sie oder tragen sie herum, wälzen sich immer wieder, bellen ununterbrochen oder lecken sich die Pfoten. Solche oder ähnliche Verhaltensweisen können gezeigt werden, wenn ein Hund sich in einer Situation wiederfindet, die ihn überfordert oder verunsichert. Aber auch permanente leichte Überforderung kann Hunde dazu treiben, mehr und mehr Zeit mit solchen „Hobbys" zu verbringen. Die Hunde wählen dabei Verhaltensweisen, von denen sie gelernt haben, dass sie ihnen Wohlbefinden oder Freude bereiten. Diese Verhaltensweisen sorgen dann sofort dafür, dass es den Hunden besser geht! Nach und nach wird dieses Verhalten immer häufiger gezeigt. Schon der Verdacht eines bevorstehenden Konfliktes kann dann z.B. einen „Rennanfall" auslösen.

Solche Verhaltensweisen werden nicht selten von Hunden gezeigt, deren Halter andere unerwünschte Verhaltensweisen konsequent unterdrücken. Auch hartes Training oder sehr strenge Erziehung können dazu führen, dass Hunde ein solches „Ventil" suchen. Einige von ihnen zeigen dieses Verhalten, wann immer sie die Möglichkeit haben (z.B. nach dem Lösen der Leine, oder wenn sie unbeaufsichtigt sind). Andere zeigen es nur situationsbezogen: Sie erkennen mögliche Konfliktsituationen sehr frühzeitig, und reagieren darauf. Manche Hunde erkennen zum Beispiel am Gesichtsausdruck ihres Halters, dass dieser nun trainieren möchte – und rennen davon.

Ehrgeiz

Hunde mit sensibler oder lebhafter Veranlagung dürfen nicht durch zu häufiges, zu intensives oder zu schnell fortschreitendes Training überfordert werden. Sie geraten sonst in Stress, was zu den beschriebenen Folgen führen kann.

Für viele sensible und lebhafte Hunde gilt:

Ihr Training muss langsamer erfolgen und es muss eine längere Zeitdauer einkalkuliert werden, bis eine gewisse Zuverlässigkeit erreicht wird.

Inkonsequenz

Beobachten Sie einmal Menschen und Hunde, wenn Sie das nächste Mal einen Trainingsplatz besuchen! Häufig wird zum Beispiel Bellen oder Winseln mal mit Zuwendung („Ist ja gut!"), mal mit Strafen („Pfui ist das!") bedacht – je nachdem, wer zuschaut. Mancher Hundesportler verhält sich am Trainingsort ganz anders als zu Hause.

Dasselbe gilt für das Leinenführigkeitstraining, das Hochspringen am Menschen oder den Zugang zu unerlaubten Dingen. Es ist für manche von uns außerordentlich schwer, wirklich immer auf dieselbe Weise zu reagieren. Dies setzt ja auch eine

Flucht ins Hobby: Viele Hunde zeigen übertriebene Verhaltensweisen, wenn sie sich überfordert fühlen.

gute Beobachtung voraus: Wir müssen das Verhalten unseres Hundes voraussehen, um es verhindern oder rechtzeitig unterbrechen zu können.

Solche Inkonsequenz verwirrt die Hunde und als Folge davon werden sie lebhafter und unkonzentrierter in der Zusammenarbeit mit dem Menschen.

Inkonsequenz ist aber nicht nur beim Umgang mit unerwünschtem Verhalten ein Problem. Häufiger Wechsel der Signale (Kommandos) löst ähnliche Verwirrung aus: „Hier!" – „Komm hier!" – „Kommst Du her!" – „Komm!" – „Nero!!!!" – „Zu mir!"... Dabei wird nicht nur von Situation zu Situation gewechselt, sondern die verschiedenen Signale aneinandergereiht, bis eins von ihnen „funktioniert".

Es ist ein gewisses Maß an Selbstdisziplin nötig, um durchgängig dieselben Signale zu verwenden. Aber dies ist unerlässlich, wenn Sie einen lebhaften Hund trainieren oder erziehen!

Leinen-„Technik"

Häufig scheitert das ganz normale Leinenführigkeitstraining bei lebhaften Hunden. Warum? Die Hunde sind einfach viel zu aufgeregt! Außerdem mangelt es einigen von ihnen an Impulskontrolle. Sie können gar nicht langsam gehen! Hinzu kommt die Frustration, dass sie immer wieder ans Ende der Leine geraten. Dieser Frust macht sie noch aufgeregter. Und noch ein weiterer wichtiger Faktor spielt eine Rolle: Das ziehende Gefühl am Hals des Hundes, das durch das Anspannen der Leine verursacht wird, bewirkt seine Aktivierung. Denn der Hals des Hundes ist eine sensible Region: Bei Auseinandersetzungen werden hierhin häufig Bisse gerichtet. Hier befinden sich einige lebenswichtige Leitungsstrukturen (blutführende Gefäße zum Gehirn, Nerven, welche die Herzfrequenz regulieren und die Luftröhre mit Kehlkopf). Das Zusammendrücken dieser Strukturen würde wohl auch uns Menschen nervös machen. Deswegen ist diese Aussage so wichtig:

Jede Anspannung der Leine aktiviert den Hund!

Er läuft noch schneller, dreht sich um und fasst nach der Leine oder versucht auf andere Weise, sich abzureagieren. Auf ähnliche Weise wirken folgende Fehler der Leinentechnik:

- Training über Leinenrucks oder Leinenkorrekturen.
- Die Verwendung eines Halsbandes. Einen chronischen Leinenzieher am Halsband zu führen, ist schon aus medizinischen Gründen abzulehnen (Schädigung von Kehlkopf, Verspannung aller Rückenmuskeln, insbesondere an der Halswirbelsäule, Schädigung der Halswirbelsäule durch häufige Mikrotraumata). Übrigens laufen viele Hunde sofort ruhiger, wenn vom Halsband zum Brustgeschirr gewechselt wird.
- Die Leinenhand wird nicht absolut ruhig gehalten. Der Mensch gestikuliert oder rudert, gibt mal der Leine nach, mal hält er gegen.
- Die Leine ist zu kurz. Der Hund erreicht zu häufig das Ende der Leine. Manche hyperaktiven Hunde profitieren ganz erheblich von einer längeren Leine (wo die Umgebung es zulässt: drei bis fünf Meter, bei manchen Hunden zehn Meter). Sie laufen sofort ruhiger. Es fällt ihnen leichter, das

Das Zerren an der Leine gehört zu den häufigsten Verhaltensweisen von hyperaktiven Hunden.

Laufen an der langen Leine zu erlernen, die beim Trainingsfortschritt nach und nach verkürzt werden kann.

- Die Leine ist zu lang. Bestimmte Hunde können ruhiger laufen, wenn die Leine nur zwei Meter kurz ist (oder sogar noch kürzer). An langer Leine beginnen sie zu rennen und kreisen im Extremfall um ihre Menschen wie die Rotoren eines Hubschraubers.
- Es wird eine Ausziehleine (z.B. eine Flexi®-Leine) benutzt. Die Verwendung einer solchen Leine hat viele Vorteile. Zum Beispiel gibt sie Hunden Freiraum, die an der Leine gehen müssen, und erspart den Menschen gleichzeitig die Mühe, die Leinenschnur aufzuwickeln. Es muss jedoch beobachtet werden, ob der Hund an dieser Leine unruhiger läuft, zum Beispiel weil der andauernde Zug ihn stimuliert. Menschen, die dazu neigen, mit der Leine zu „angeln" (Heranholen des Hundes durch Feststellen der Leine, Heranziehen, dann schnelles Hereingleitenlassen der Leine, gefolgt von erneutem Heranholen etc.), sollten keine Ausziehleine benutzen. Um medizinische Probleme zu vermeiden, sollten solche Leinen niemals (!) in Kombination mit einem Halsband benutzt werden.

Bei aufgeregten Hunden funktionieren die üblichen Leinentrainings nicht immer. Eine ausführliche Anleitung zur Leinenführigkeit können Sie im Trainingsbuch „Spiele für die Hundestunde" von C. Sondermann und M. Hense nachlesen.

Unruhe

Menschen, die selber sehr temperamentvoll oder nervös sind, können dies auf ihren Hund übertragen.

Eigentlich ist es erfreulich für jeden Trainer, mit lebhaften Menschen und ihren aufgeweckten Hunden zu arbeiten, denn diese Menschen sind oft sehr engagiert. Sie nutzen das Zusammensein mit ihrem Hund, um die Selbstbeherrschung, Langsamkeit und Gelassenheit zu erwerben, die sie für diesen Hund brauchen. Findet dieser Lernprozess jedoch nicht statt, kann der Hund mit der Zeit immer nervöser werden.

Drei Hunde an der Ausziehleine – Verwicklungen sind hier vorprogrammiert.

URSACHEN FÜR HYPERAKTIVITÄT

1 **Vorgeburtliche Ursachen**
    a   Zuchtauswahl: Leistungszwinger
    b   Mutter in Stress/ zu wenig Stress

2 **Welpenzeit**
    a   Überforderte Mutter (Alter, Welpenzahl)
        I   Zu wenig Zuwendung
        II Zu wenig Grenzen
    b   Keine Geschwister
    c   Überforderter Züchter
        I   Reizarme Haltung
        II Förderung von sozialer Expansivität (aufdringlichem Verhalten)

3 **Beim Halter**
    a   Welpenzeit
        I   Trauma durch Umgebungswechsel und Verlust der ersten Beziehungen beim Übergang zum neuen Halter
        II   Zu wenig Zuwendung
        III Deprivation
        IV Belohnen von Aktivität
        V   Überstimulation
        VI Falsche Konsequenz
    b   Junghundezeit
        I   Missverstehen der Flegelzeit
    c   Erwachsenenzeit
        I   Defizit an Zuwendung
        II   Keine Grenzsetzung
        III Belohnung für Unruhe/ Aufmerksamkeitsheischen
        IV Falsche Konsequenz
        V   Stress

THERAPIE BEI HYPERAKTIVITÄT

TEIL 3 THERAPIE BEI HYPERAKTIVITÄT

IST HEILUNG ÜBERHAUPT MÖGLICH?

Das Zusammenleben mit hyperaktiven Hunden kann für ihre Halter außerordentlich belastend sein. Sie sind verärgert und manchmal nicht mehr in der Lage, wohlwollend mit ihrem Hund umzugehen. Diese Frustration ist verständlich. Deswegen ist es so erfreulich, dass eine Veränderung möglich ist!

Am Beginn der Therapie ist es eine Erleichterung für den Menschen zu erfahren, was mit seinem Hund los ist, und zu wissen, dass dieser spezielle Hund „in einer ganz anderen Liga spielt" als Nachbars Fifi oder der Hero vom Trainer.

Aber wird der Hund sich verändern können? Wird er ein ganz normaler ausgeglichener Hund werden? Das hängt davon ab, welche Ursache hinter dem Verhalten des Hundes steckt. Hyperaktive Symptome, die durch ungünstige Haltung hervorgerufen werden, verschwinden oft recht schnell, wenn die Haltung optimiert wird. Gleiches gilt für medizinische Ursachen: Wird die Krankheit behandelt, kann der Hund endlich gelassener werden. Auch erlernte Verhaltensweisen (z. B. aufmerksamkeitsheischendes Verhalten) können in vielen Fällen schnell reduziert werden, wenn sie nicht mehr erfolgreich sind. Schwieriger wird es, wenn Veranlagung oder ungünstige oder fehlende Einflüsse in der Welpen- oder Junghundezeit eine Rolle spielen. Trotzdem gilt auch für solche Hunde: Ihr Verhalten wird sich in sehr vielen Fällen ganz erheblich verbessern, allerdings nicht plötzlich, sondern im Laufe mehrerer Wochen oder Monate. Wird die Therapie lange genug fortgesetzt, so kann es auch nach Jahren immer weiter zu Verbesserungen kommen.

Kaninchen oder Tiger?

Leben Sie mit einem Hund, der aufgrund seiner Veranlagung oder von Einflüssen in der Welpenzeit hyperaktiv ist? Dann hilft Ihnen folgender Vergleich: Einen solchen Hund zu halten ist so, als ob Sie einen Tiger als Haustier hätten – und alle anderen Halter „normaler" Hunde haben Kaninchen. Ihr Tiger benimmt sich anders als andere Haustiere. Er tut vielleicht Dinge, die Sie und Ihre Nachbarn unangenehm finden. Sie können durch geschickte Haltung dafür sorgen, dass das Leben für Sie und Ihren Tiger angenehm ist und niemand durch Ihren Tiger gefährdet oder belästigt wird (…und dass Ihr Tiger keine Kaninchen frisst…). Durch Erziehung und Training machen Sie aus ihm einen angepassten Tiger mit perfekten Umgangsformen – gemessen an Tiger-Maßstäben. Aber was Sie auch tun, Sie können niemals ein Kaninchen aus Ihrem Tiger machen.

Wenn Sie sich damit abfinden, dass Sie mit einem Tiger zusammenleben – und eben nicht mit einem Kaninchen –, dann können der Tiger und Sie sehr glücklich miteinander werden.

DIE ZIELE DER THERAPIE

Für den Menschen:
- Verständnis für das Verhalten seines Hundes
- Erleichterung im Umgang mit den Verhaltensweisen, die am meisten stören
- Verbesserung der Beziehung Hund – Mensch
- Erreichen eines hohen Wissensstandes
- Optimieren der praktischen Fähigkeiten im Umgang und Training mit dem Hund

Für den Hund:
- Beseitigung oder Reduzierung möglicher körperlicher Ursachen
- Stressabbau
- Ruhe ermöglichen und fördern
- Erreichen des notwendigen Trainingsstandes, um ihn (aus Sicht des Menschen) so problemlos wie möglich durch den Alltag führen zu können
- Einüben von Verhaltensweisen für schwierige Situationen
- Verbesserung der Beziehung Hund – Mensch
- Herabsetzung der Reizempfindlichkeit
- Verbesserung der Selbstbeherrschung (Impulskontrolle)
- Verbesserung der Frustrationstoleranz
- Verbesserung der Konzentrationsfähigkeit und der Motorik

Wie häufig in der Verhaltenstherapie gibt es eine Reihe von möglichen Maßnahmen. Bevor Sie für sich und Ihren Hund den passenden Cocktail (siehe „Maßnahmencocktail") zusammenstellen, schaffen Sie zunächst eine gute Basis! Dafür sorgen eine gründliche tiermedizinische Untersuchung, das richtige Wissen und das Weglassen ungeeigneter Maßnahmen!

TIERMEDIZINISCHE UNTERSUCHUNG

Am Anfang der Therapie muss eine gründliche medizinische Untersuchung stehen. Dazu gehört eine sehr gründliche allgemeine Untersuchung (wenn möglich auch mit Messung des Blutdrucks), eine Untersuchung aller Blutparameter, inklusive der Schilddrüse, sowie orthopädische (ggf. mit Röntgen) und neurologische Diagnostik, bei der gezielt nach Schmerzen, Missempfindungen und Einschränkungen der Wahrnehmung gesucht werden muss.

DAS RICHTIGE WISSEN: ALS ERSTES LERNT DER MENSCH!

Wenn Sie Halter eines hyperaktiven Hundes sind, dann sind Sie schon einen gewaltigen Schritt weiter, wenn Sie dieses Buch gelesen haben! Beim Lesen der folgenden Absätze werden Sie vielleicht bemerken, dass Sie einige der Tipps bereits erfolgreich umsetzen. Anderes ist Ihnen neu und lässt Sie herausfinden, wie Sie an sich selbst arbeiten können,

damit die Veränderungen am Hund leicht von der Hand gehen und Spaß machen.

- **Ihr Hund ist nicht ungezogen!** Für viele Menschen ist es erleichternd zu erfahren, dass ihr Hund nicht „schlecht erzogen" oder „dominant" ist. Er ist einfach anders als andere. Daher ist er nicht vergleichbar mit Nachbars Asta und mit Hero, Kessi oder Linus aus der Hundeschule. Wenn Menschen erfahren, warum ihr Hund ist, wie er ist, dann fällt Druck von ihnen ab.
  Vergleicht man hyperaktive Hunde mit anderen, dann kann man nur verlieren. Denken Sie an den Vergleich zwischen Kaninchen und Tiger.
- **Hören Sie auf, gegen Ihren Hund zu kämpfen!** Kämpfen Sie ab heute zusammen mit ihm! Viele Menschen sind froh, wenn sie endlich aufhören können, sich mit viel Härte gegen den Hund durchzusetzen.
- **Dann fällt es viel leichter,** das eigene menschliche Verhalten zu ändern, zum Beispiel
    - auf schmerzhafte Strafen oder laute Zurechtweisungen zu verzichten,
    - Verhaltensweisen zu unterlassen, die Unruhe belohnen oder hervorrufen,
    - alle anderen Faktoren zu finden und zu beseitigen, die das Verhalten des Hundes verursachen oder verschlimmern,
- Geduld für den Veränderungsprozess aufzubringen, der langwierig sein kann,
- mit stoischer Gelassenheit die notwendigen Maßnahmen gegenüber dem Hund durchzuführen und
- zu lernen, sich selber beim Zusammensein mit ihm gelassen zu bewegen.

- **Ein weiterer Punkt ist wichtig:** Die Maßnahmen, die ergriffen werden, um das Verhalten des Hundes zu verändern, müssen korrekt umgesetzt werden. Die „Fehlertoleranz" hyperaktiver Hunde ist oft sehr niedrig: Halter und Trainer müssen Fehler vermeiden, so gut es irgendwie geht – sonst werden sie keinen Erfolg haben.

Viele „normale" Hunde lernen auch dann, wenn zum Beispiel das Timing von Signalen oder Belohnungen oder die Leinentechnik ihrer Menschen nicht perfekt sind. Anders bei hyperaktiven Hunden: Passt das Timing nicht oder macht der Mensch andere Fehler – dann erlebt der hyperaktive Hund Verwirrung und Konflikte, und dies macht ihn aufgeregter und fahriger. Als Folge lernt er nichts von dem, was seine Leute ihm beibringen wollen, er wird stattdessen aufgeregter und entwickelt immer neue unerwünschte Verhaltensweisen.

Ein Perspektivwechsel z.B. durch einen weiteren Trainer kann ganz neue Trainingsansätze ins Spiel bringen.

Halter solcher Hunde sollten daher an ihrer „Technik" arbeiten: Sie sollten sich selber beobachten und ihre Aktionen/ Reaktionen verbessern, wenn notwendig. Eine Verhaltenstherapie oder ein Training scheitert manchmal an kleinen Fehlern oder Missverständnissen! Am besten gelingt dieses „Selbsttraining" mit Hilfe einer fachlich versierten und taktvollen Hunde-Fachperson.

- **Erweitern Sie Ihr Wissen!** Um erfolgreich zu sein, muss man sich auskennen. Lernen Sie über Hundesprache, den Einfluss von Stress und über das Lernverhalten von Hunden. Das führt zu einer Menge Aha-Erlebnissen! Mit dem nötigen Wissen passieren viel weniger Fehler und Sie handeln in schwierigen Situationen automatisch richtig.

Vielleicht kennen Sie das: Monate- oder jahrelang laborieren Sie an einem bestimmten Fehlverhalten Ihres Hundes und bekommen es einfach nicht in den Griff. Dann finden Sie durch Ihren Trainer oder beim Lesen eines Buches eine einzige wichtige Information – und sofort wird alles klarer. Es hat Ihnen nur ein kleines Mosaiksteinchen an Wissen gefehlt, um mit dem unerwünschten Verhalten des Hundes umgehen zu können. So ist es oft! Machen Sie sich also auf die Suche nach Aha-Erlebnissen.

Lesen Sie dazu einfach weiter... und nutzen Sie auch andere Bücher (eine Reihe von informativen und gut geschriebenen Büchern finden Sie in der Empfehlungsliste im Anhang), gute Seminare (diese bieten außerdem den Kontakt zu anderen Betroffenen) oder lassen Sie sich im Training oder während der Verhaltenstherapie Ihres Hundes Wissen vermitteln!

Informationen für Trainer und Verhaltenstherapeuten

Das Training oder die Therapie von hyperaktiven Hunden kann an den Wissenslücken oder an unzureichenden praktischen Fähigkeiten der Fachleute scheitern. Deswegen machen die betroffenen Hunde und ihre Menschen eine Odyssee über Hundeplätze, Hundeschulen und Tierpsychologen durch, bis sie jemanden finden, der ihnen weiterhilft. Damit Sie für solche Hunde zur Rettung werden, helfen Ihnen folgende Tipps – übrigens auch dann, wenn Sie schon seit Jahrzehnten mit Hunden arbeiten!

- Beobachten Sie sich selbst, suchen Sie nach Fehlern und verbessern Sie Ihre eigene Technik laufend und immer wieder.
- Informieren Sie sich über neue Erkenntnisse – immer mit der Frage: Ist das sinnvoll? Passt das zu meinen Erfahrungen? Kann ich mich dadurch verbessern?
- Gehen Sie mit den eigenen Hunden zu jemand anderem ins Training – und lassen Sie sich korrigieren.
- Besuchen Sie Seminare, auf denen Sie Ihre praktischen und theoretischen Fähigkeiten verbessern können!
- Wenn möglich, leben Sie mit einem schwierigen Hund! Sie sind erheblich weniger effektiv z.B. bei der Behandlung von Aggression, Angststörungen

Räumliche Begrenzung über einen kurzen Zeitraum kann lebhaften Hunden helfen, zur Ruhe zu kommen.

oder Hyperaktivität, wenn Sie nie einen Hund gehabt haben, der diese Probleme zeigte.

- Der gesunde Menschenverstand und das Tierschutzgesetz fordern von uns, möglichst schonende Methoden zu benutzen. Dies ist für hyperaktive Hunde besonders wichtig, denn unangenehme Erfahrungen wirken bei ihnen aktivierend. Deswegen beachten Sie: Bevor Sie sich entschließen, mit für den Hund unangenehmen Maßnahmen gegen ein bestimmtes Verhalten vorzugehen, suchen Sie nach sinnvolleren Alternativen.

UNGEEIGNETE MASSNAHMEN

Störende Lebhaftigkeit beim Hund wird häufig mit einer Kombination aus körperlicher Auslastung, ungeeigneten Strafen und räumlicher Begrenzung (Anbinden oder Einsperren) bekämpft. Alle drei Maßnahmen können Hyperaktivität verschlimmern.

- Lebhaften Hunden muss die Möglichkeit gegeben werden, sich intensiv körperlich zu betätigen. Werden vor allem schnelle, stimulierende (Ballspiel, Spiel mit anderen Hunden) oder sehr anstrengende (z.B. lange Radtouren) Bewegungen gewählt, dann werden die Hunde erschöpft und damit ruhig, aber nur für kurze Zeit. Bei manchen Hunden dauert es allerdings eine ganze Weile, bis diese Erschöpfung erreicht wird. Außerhalb dieser Erschöpfungsphasen kann der Bedarf nach Beschäftigung jedoch ansteigen, und der Hund kann erheblich unruhiger werden! Denn:
  - Der Hund entwickelt eine Erwartungshaltung: Er rechnet mit Aufregung und schnellem Spiel – und gerät in entsprechende Stimmung, schon bevor das Spiel beginnt. So kann Aufregung schon beginnen, wenn der Halter etwa vom Arbeitsplatz aufsteht oder nach dem Mantel greift.
  - Er hat Freude daran und möchte diese Beschäftigung immer häufiger erleben. Deswegen sucht er aktiv danach oder fordert seinen Halter immer wieder dazu auf.

- Ungeeignete (positive und negative) Strafen können Hunde erheblich stimulieren. Dieser Zusammenhang wurde bereits ausführlich erläutert. In nahezu allen Fällen von Hyperaktivität, die in der verhaltenstherapeutischen Praxis vorgestellt werden, haben solche Strafen eine verschlimmernde Wirkung gezeigt. Strafen (vor allem gezielt eingesetzte negative Strafen) können in bestimmten Fällen hilfreich sein. Entscheidet man sich nach sorgfältiger Abwägung der Alternativen für eine Strafe, dann muss sie sehr präzise ausgewählt und angewendet werden. Negative Strafen sind in jedem Fall vorzuziehen. Um Fehler mit gravierenden Folgen zu vermeiden, sollte ihre Anwendung von einer erfahrenen Fachperson begleitet werden. Um es noch einmal zu betonen: Es ist nicht einfach, korrekt zu strafen, und Strafen können ganz erhebliche Nebenwirkungen haben. Und sie sind in der Regel nicht notwendig: Millionen von Trainern und Verhaltenstherapeuten beweisen weltweit, dass die besten Ergebnisse mit einem absoluten Minimum an Strafen erzielt werden.

Suchen Sie also immer nach alternativen Maßnahmen und setzen Sie Strafen nur für kurze Zeit ein und nur dann, wenn es wirklich notwendig ist.

- Räumliche Begrenzung (z.B. in einer Hundebox) kann lebhaften Hunden helfen, zur Ruhe zu kommen. Ist ein Hund aber nur unzureichend an die Einschränkung seiner Bewegungsfreiheit gewöhnt oder kommt eine Anregung durch einen Außenreiz dazu, kann die Begrenzung ganz erhebliche Frustration (sog. Barrierefrustration) auslösen. Die resultierende Aufregung kann sehr ausgeprägt sein und bis zur totalen Erschöpfung des Hundes führen. Zusätzlich kann sich eine Klaustrophobie entwickeln.

Vorsicht: Kein „kalter Entzug"!

Sind ungeeignete Maßnahmen eine Zeit lang intensiv angewendet worden, dann kann es sein, dass ein abruptes Aufhören problematisch ist.

Ein Beispiel: Wurde ein Hund intensiv, über viele Stunden am Tag körperlich beschäftigt (am Fahrrad laufen, Ballspiel, Spielen mit Hunden, Wandern, Joggen...), kann dieses Übermaß nicht abrupt abgesetzt werden, ohne dass der Hund Ersatzbeschäftigungen sucht. Stattdessen sollte die Beschäftigung langsam reduziert und gleichzeitig mit sinnvolleren Beschäftigungen und Entspannungstraining begonnen werden.

MASSNAHMENCOCKTAIL

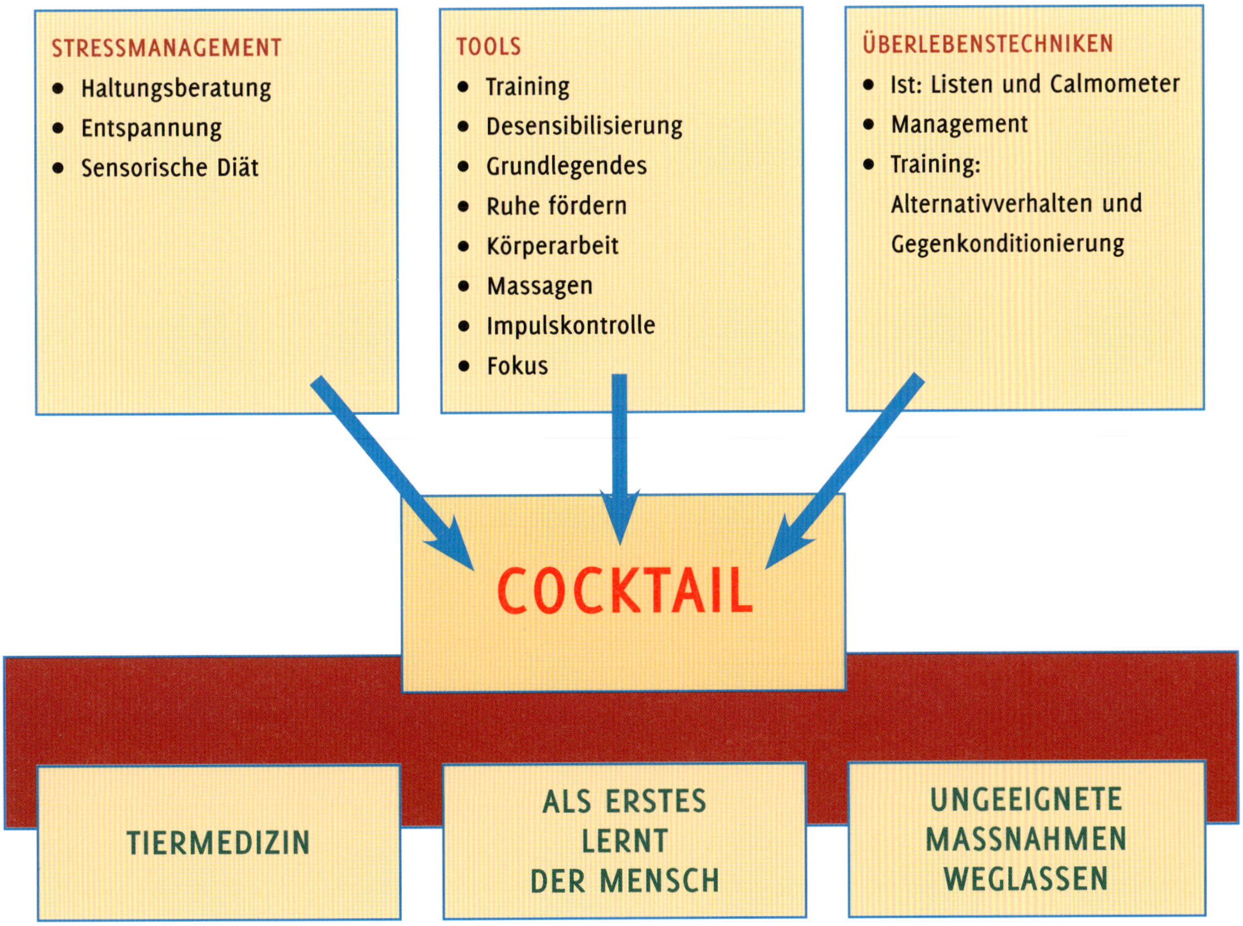

STRESSMANAGEMENT
- Haltungsberatung
- Entspannung
- Sensorische Diät

TOOLS
- Training
- Desensibilisierung
- Grundlegendes
- Ruhe fördern
- Körperarbeit
- Massagen
- Impulskontrolle
- Fokus

ÜBERLEBENSTECHNIKEN
- Ist: Listen und Calmometer
- Management
- Training: Alternativverhalten und Gegenkonditionierung

COCKTAIL

TIERMEDIZIN

ALS ERSTES LERNT DER MENSCH

UNGEEIGNETE MASSNAHMEN WEGLASSEN

DER MASSNAHMENCOCKTAIL: HIER KOMMEN DIE ZUTATEN

Die Therapie von hyperaktiven Hunden sollte Tipps und Tricks beinhalten, die helfen, den Alltag zu meistern. Mit Hilfe von Stressmanagement und speziellen Therapieansätzen können außerdem die Symptome der Hyperaktivität gemindert werden. Im folgenden Teil des Buches werden Maßnahmen zu diesen drei Kategorien vorgestellt. Dabei können Sie für Ihren Hund den individuell passenden „Cocktail" zusammenstellen!

> **Achtung:** Weder Hund noch Mensch dürfen überfordert werden!

Auch wenn Ihr Hund nicht sofort auf die Trainingsmaßnahmen anspricht: Lassen Sie sich nicht entmutigen!

Für den hyperaktiven Hund ist es wichtig, dass neue Trainingselemente, neue Regeln im Umgang mit Ihnen oder andere Veränderungen des Alltags nicht zu schnell nacheinander und nicht zu radikal eingeführt werden. Veränderungen können Unsicherheit, Konflikte oder Frustration hervorrufen, was die Hyperaktivität des Hundes steigern kann. Die Lernkapazitäten hyperaktiver Hunde sind begrenzt. Will man zuviel auf einmal, dann verändern sie sich gar nicht – oder werden noch aufgeregter.

Alle betroffenen Hundehalter haben Mühe, den Alltag mit ihrem Hund zu gestalten. Wird jetzt noch mehr von ihnen verlangt, müssen sie scheitern – oder die Therapie frustriert abbrechen. Übrigens: Nicht nur der Hund, sondern auch der Mensch braucht Zeit zum Umlernen!

Deswegen kann es hilfreich sein, die Therapie mit Hilfe einer guten Fachperson anzugehen. Sie kann gezielt informieren und Mensch und Hund so trainieren, dass die Durchführung gelingt! Diese Person wird sehr sorgfältig planen, das Training und die Veränderungen im Alltag Schritt für Schritt vorschlagen, dann beobachten und um Rückmeldung bitten, ob die verschiedenen Anweisungen gelingen.

Im Verlauf der Therapie werden die Maßnahmen immer wieder den aktuellen Erfordernissen von Mensch und Hund angepasst.

Hunde sind Individuen. Deswegen können angeblich schnell funktionierende Trainingskonzepte zur Veränderung des Verhaltens erheblichen Schaden anrichten. Das gilt ganz besonders für hyperaktive Hunde. Eine Handlungsweise, die Bello beruhigt, kann Fifi erst so richtig in Fahrt bringen. Wenn Sie so etwas erleben, überprüfen Sie als erstes, ob Ihre Technik (Körperstellung und -bewegung, Timing, die Anwendung der Hilfsmittel usw.) korrekt war. Zeigt der Hund weiterhin eine unerwünschte Reaktion, lassen Sie die Maßnahme fallen und suchen Sie eine geeignetere.

> **Wichtig:** Wenn Ihr Hund auf eine Maßnahme mit gesteigerter Aktivität reagiert, dann ist sie für ihn ungeeignet!

ÜBERLEBENSTRAINING: SO ÜBERSTEHT MAN DEN ALLTAG MIT HYPERAKTIVEN HUNDEN

Umgang mit Verhaltensweisen, die für den Halter am störendsten sind

Das Zusammenleben mit lebhaften Hunden kann eine Herausforderung sein. Manchmal ist es einfach eine Kette von möglicherweise problematischen Situationen: Schon beim Aufstehen am Morgen gerät der Hund in eine begeisterte Rennerei, die Frühstücksvorbereitungen begleitet er mit Gebell, den Beginn des Spaziergangs mit Schreien und Dauerzerren und so weiter. Das muss jedoch nicht so sein! Jede einzelne dieser schwierigen Situationen kann gestaltet und damit verändert werden.

SCHRITT 1: DIE LISTE UND DAS CALMOMETER

Schreiben Sie eine Liste mit allen Situationen, die für Sie besonders schwierig sind, weil Ihr Vierbeiner sich so ungestüm verhält. Zum Beispiel:

- Heimkommen eines Familienmitglieds
- Ankunft von Besuchern
- rennende Kinder
- Anleinen zum Spazierengehen
- Hinausgehen aus der Haustür
- die ersten Minuten des Spazierganges
- Autofahren
- Aussteigen aus dem Auto
- Leinezerren beim Spaziergang
- Begegnungen während des Spaziergangs
- Zerstören von Gegenständen
- Springen über die Möbel
- übermäßiges Gebell
- übermäßig viele Verhaltensweisen, die an den Halter gerichtet sind (Schubsen, Pföteln, Lecken, Nagen, Springen, Jaulen, Bellen...)
- Der Mensch möchte in Ruhe essen, telefonieren, fernsehen..., was durch das Verhalten des Hundes unmöglich ist
- Eine bestimmte Zeit jeden Abend, in welcher der Vierbeiner „seine verrückten fünf Minuten" hat
- ein plötzliches Geräusch

Welche Situationen sind am belastendsten? Diese sollten als erstes bearbeitet werden. Sortieren Sie Ihre Liste entsprechend Ihrer persönlichen Belastung! Ganz oben stehen dann die Situationen, für die dringend eine Lösung gefunden werden muss. Legen Sie dann an das Verhalten Ihres Hundes in diesen Situationen eine Art „Zappelmaßstab" an. Um das Ziel „Ruhe" (Englisch „being calm") zu betonen, kann dieser Maßstab auch als „Calmometer" bezeichnet werden.

Calmometer

Dieser Maßstab hilft Ihnen, Erfolge zu messen. Er macht auch kleinere Fortschritte sichtbar. So wenden Sie ihn an: Schreiben Sie zunächst auf, welche Verhaltensweisen Ihr Hund zeigt, wenn er aufgeregt ist, zum Beispiel:

- Reaktion auch auf kleine Reize,
- herumlaufen, hecheln, hochspringen,
- bellen, winseln, schreien,
- sich kratzen, in die Leine beißen, in die Kleidung oder Körperteile des Menschen beißen, an der Leine zerren,
- häufiges Wälzen am Boden,

- Überfall auf andere Hunde,
- Greifen nach Gegenständen, Zerstörung von Gegenständen,
- grobes Grabschen nach der Hand, die Futter anbietet,
- keine Reaktion auf bekannte Signale,
- keine Ausdauer bei „bleib"-Übungen, Konzentrationsschwäche beim Training,
- auffallend häufiger Urin- oder Kotabsatz, evtl. Durchfall, Erbrechen usw.

Ordnen Sie diese Anzeichen verschiedenen Stufen von 0 bis 10 zu.

Hier kommt ein Beispiel für so einen Zappel-Maßstab für den Hund Asta.

Stufe 0: Asta bewegt sich entspannt. Sie nimmt Futter vorsichtig aus der Hand, reagiert auf alle Signale und ignoriert vorbeifahrende Autos.

Stufe 1: Astas Bewegungsgeschwindigkeit steigt, bei der Gabe von Futter spürt man ihre Zähne an den Fingern.

Stufe 2: Sie hechelt und grabscht heftig nach dem Futter, wenn sie welches angeboten bekommt. Wenn sie angeleint ist, zieht sie immer wieder.

Stufe 3: Asta greift sehr schnell nach Futter und läuft hin und her. Sie zieht permanent an der Leine.

Stufe 4: Asta winselt ab und zu. Sie nimmt kein Futter mehr an.

Stufe 5: Sie reagiert nicht mehr auf Ansprache. Gelegentlich springt sie an Menschen hoch.

Stufe 6: Asta bellt alle fremden Hunde oder Menschen an.

Stufe 7: Sie schaut sich permanent nach allen Seiten um.

Stufe 8: Sie bellt ununterbrochen.

Stufe 9: Sie beißt in die Hosenbeine ihres Menschen oder in die Leine.

Stufe 10: Asta springt bellend und schreiend herum, beißt in die Kleidung, Hände und Arme ihres Halters.

Auf Stufe 0 sind die Hunde also entspannt. Sie reagieren gering oder angemessen auf Außenreize. Es kann sein, dass Ihr Hund zu Anfang kaum jemals Stufe 0 zeigt. Stufe 10 entspricht der maximalen Aufregung, die bei dem jeweiligen Hund beobachtet wurde.

Haben Sie den Zappel-Maßstab mit Stufen 0 bis 10 für Ihren Hund erstellt? Dann überlegen Sie: Auf welcher Stufe befindet sich Ihr Hund für gewöhnlich, wenn er in eine der schwierigen Situationen gerät? Ordnen Sie jeder schwierigen Situation eine Zahl oder einen Bereich zu (z.B. eine 10 für die Vorbereitung zum Spaziergang und 7 – 8 für die ersten Meter nach Verlassen des Hauses).

Nun haben Sie ein Werkzeug, das Ihnen hilft, Erfolge zu beobachten. Statt sich zum Beispiel darüber zu ärgern, dass Asta sie einmal angesprungen hat, als sie nach Hause kam, bemerkt ihr Frauchen, dass Asta weder gebellt noch geschrieen noch in Kleidungsstücke gebissen hat.

Der Ausgangssituation hatte Astas Frauchen die Calmometer-Zahl 10 gegeben. Ihr jetziges Verhalten bekommt nur noch die 5. Sie hat ihren Hund also erfolgreich um ganze 5 Punkte verbessert!

Ein Beispiel:
Astas Liste der schwierigen Situationen:
- Vorbereitung zum Spaziergang
  - Stufe 10
- Die ersten Minuten des Spazierganges
  - je nach Tagesform Stufen 7 - 8
- Spaziergang in fremder Umgebung
  - Stufe 7
- Spaziergang nach Einbruch der Dunkelheit
  - Stufe 9
- Nach Begegnung mit zwei fremden Hunden
  - Stufe 6
- Frauchen/ Herrchen kommt nach Hause
  - Stufe 10
- Es klingelt an der Tür
  - Stufe 8

SCHRITT 2: MANAGEMENT

Mit „Management" werden alle Maßnamen bezeichnet, die unerwünschtes Verhalten verhindern, reduzieren oder erträglich machen. Damit bringt ein gutes Management sofort Erleichterung für Hund und Mensch. In vielen Fällen wirkt es außerdem schon als Training: Der Hund übt ein erlaubtes Verhalten, wo er sonst „Unarten" wiederholt hätte.

Viele Hunde begreifen eine Box als Rückzugsort und kommen zur Ruhe.

Darüber hinaus senkt es den Stresslevel des Hundes. Management lohnt sich also!

Stellen Sie sich dazu folgende Fragen: Wie kann vermieden werden, dass der Hund das unerwünschte Verhalten zeigt? Oder: Wenn er dieses Verhalten doch einmal zeigt, wie kann man verhindern, dass dieses Verhalten stört?

Um diese Fragen zu beantworten, können Sie ruhig kreativ sein! Hier kommen beispielhaft einige Vorschläge. Wählen Sie aus, was passen könnte – oder suchen Sie selber nach Managementlösungen!

Können Sie vermeiden, dass Ihr Hund in die auslösende Situation gelangt?
- Gewöhnen Sie den Hund an den Aufenthalt in einer Box, einem Zimmer oder dem Auto, so dass Sie ihn für kurze Zeit räumlich begrenzen können, zum Beispiel wenn Besucher kommen. Natürlich muss der Hund darauf gut vorbereitet werden, und Sie möchten den Hund auch nicht für viele Stunden wegsperren! Lesen Sie dazu „Boxentraining" im Anhang B.

- Zieht Ihr Hund an der Leine? Gehen Sie spazieren, wo er frei laufen kann.
- Räumen Sie alle Gegenstände weg, die Ihr Hund zerstören könnte, versperren Sie den Zugang zu gefährdeten Möbeln (z.B. durch ein Gitter, durch Sprudelkisten auf dem Sofa...).
- Verlassen Sie zum Telefonieren den Raum, wenn Ihr Hund Sie sonst regelmäßig dabei stört.
- Treffen Sie Ihre Freunde außerhalb der Wohnung, so werden diese nicht belästigt.
- Reagiert Ihr Hund auf akustische Reize von draußen, dann lassen Sie das Radio, den Fernseher oder einen Ventilator laufen, damit er weniger auslösende Geräusche hört.
- Verhindern Sie die Sicht nach draußen, wenn Ihr Hund auf optische Reize von draußen reagiert. Das bedeutet übrigens nicht, dass Ihr Wohnzimmer jetzt mit Paketpapier verdunkelt werden muss. Gardinen oder Rollos sind viel praktischer. Manchen Hunden hilft es bereits, wenn ein kleines Möbelstück oder eine große Topfpflanze vor dem Fenster steht.

Tipp:
Es gibt im Fachhandel aufklebbare Folien, die die Scheibe Ihres Fensters aussehen lassen, als sei sie sandgestrahlt. Obwohl Ihr Hund nach Anbringung der Folie nicht mehr raus sehen kann, kommt Licht in den Raum und es sieht auch ordentlich aus. Die Folie lässt sich problemlos wieder entfernen, wenn es an der Zeit dafür ist.

Können Sie das unerwünschte Verhalten vermeiden, wenn eine auslösende Situation entsteht?

- Halten Sie die auslösende Situation so kurz wie möglich (z.B. indem der Hund den Spaziergangsbeginn erst sehr spät bemerkt).
- Verändern Sie das unerwünschte Verhalten sofort, indem Sie den Abstand zwischen Ihrem Hund und dem Auslösereiz vergrößern.
- Lassen Sie Ihren Hund draußen an der Schleppleine laufen, so dass Sie ihn rechtzeitig stoppen können, bevor er etwas „Verbotenes" tut.
- Lenken Sie Ihren Hund ab: Geben Sie ihm etwas zu kauen, werfen Sie Futter auf den Boden oder finden Sie eine andere erlaubte Beschäftigung für ihn, bevor er damit beginnen kann, Unerlaubtes zu tun! Sehr praktisch sind Kauartikel (z.B. Rinderhaut) oder gefüllte Spielzeuge (z.B. ein Kong®, der gefüllt und dann eingefroren wurde), mit denen Ihr Hund richtig lange beschäftigt ist.
- Lassen Sie Ihren Hund im Haus mit einer leichten Hausleine (mit Brustgeschirr) herumlaufen, die frei hinter ihm her schleift. Dann können Sie ihn stoppen, bevor er die Kinder oder die Besucher anspringt.
- Gewöhnen Sie ihn an einen Maulkorb, so dass störende Schnauzentätigkeiten vermieden werden können. Lesen Sie dazu unbedingt „Maulkorbtraining" im Anhang B.

Was können Sie tun, wenn das unerwünschte Verhalten auftritt?
Ideal sind Maßnahmen, die...

1 ...den Erfolg verhindern, den sich der Hund mit diesem Verhalten erhofft (z.B. die Zuwendung zum Hund bleibt aus).

2 ...das Verhalten unterbrechen oder seine Verschlimmerung verhindern (z.B. indem der Hund festgehalten wird, der angesprungene Mensch den Raum verlässt, der Aufenthalt auf dem Sessel

durch Anheben desselben schnell beendet wird oder im Nachbarraum ein Gegenstand herunterfällt...). Bei extrem störenden Verhaltensweisen ist es vorübergehend erlaubt, Futter zu streuen oder den Hund auf andere Weise abzulenken. Suchen Sie jedoch außerdem nach Möglichkeiten, das Verhalten völlig zu verhindern.

Wenn Ihr Hund zum Beispiel plötzlich beginnt, Ihre Erbtante zu belästigen, und keine Möglichkeit besteht, ihn schnell aus dem Zimmer zu bringen – dann dürfen Sie Futter streuen. Ähnliches gilt für laute und voraussichtlich ausdauernde Bellerei morgens um sechs in der Wohnsiedlung. Sicher ist Ihnen klar, dass das gestreute Futter belohnend wirken kann! Daher versuchen Sie am besten, solches Verhalten demnächst zu vermeiden, zum Beispiel, indem Sie morgens woanders spazieren gehen oder Ihrem Hund etwas zu kauen geben, wenn Tante Laura das nächste Mal zu Besuch kommt.

3 ...wenig Zuwendung oder Aktivität von Ihrer Seite erfordern. Denn Ihre Reaktion (vor allem, wenn Sie aufgeregt oder emotional reagieren) kann stimulierend wirken.

Aber Achtung: Einige Tricks wirken nicht bei allen Hunden. Es kann sogar sein, dass ein Hund durch eine ansonsten bewährte Maßnahme noch aufgeregter wird. Beobachten Sie also gut und urteilen Sie mit Hilfe des Calmometers, ob ein Ratschlag für Sie hilfreich ist!

In manchen Fällen kann eine Managementmaßnahme das unerwünschte Verhalten belohnen (z.B. Anbieten von erlaubten Beschäftigungen, wenn der Hund bereits unerwünschte Verhaltensweisen zeigt). Trotzdem können sie vorübergehend helfen. Denn „Sofort-Lösungen", die dem Menschen Erleichterung verschaffen UND therapeutisch sinnvoll sind, sind nicht immer möglich.

Ein klares Kommando (z.B. „sitz" auf dem Teppich) kann dem Hund dabei helfen, das unerwünschte Verhalten abzubrechen und sich auf sich selbst zu konzentrieren.

Folgendes Beispiel macht dies klarer: Beginnt Asta zu bellen, dann wird sie zu einem Teppich geschickt, um sich dort zu setzen. Sie liebt die „Teppich und sitz"-Übung, und damit wirkt diese Übung belohnend. Aber: Da dieser Ablauf das Bellen zuverlässig unterbricht, wird Schlimmeres verhindert! Aus Erfahrung weiß der Halter, dass Asta ohne Unterbrechung immer weiter bellen und dabei immer aufgeregter werden würde – so dass schließlich noch andere Verhaltensweisen wie Hochspringen, Beißen in Kleidung oder sogar Erbrechen auftreten könnten. Sein Ziel ist natürlich, das Bellen ganz zu verhindern, indem er die auslösenden Situationen vermeidet und langfristig ein angemessenes Verhalten antrainiert – aber bis das alles 100%ig gelingt, braucht er eine Maßnahme, die Belltiraden unterbricht.

Einige problematische Verhaltensweisen bessern sich oder verschwinden, wenn der Hund durch konsequentes Management ruhiger geworden ist. Meistens muss jedoch zu irgendeinem Zeitpunkt der Therapie über Gegenkonditionierung und Alternativverhalten gearbeitet werden.

Manche Hunde nehmen in Begrüßungssituationen Spielzeuge auf. Dies kann leicht zu einem Alternativverhalten trainiert werden.

SCHRITT 3:
TRAINING DER SCHWIERIGEN SITUATIONEN

Alternativverhalten: Aufbau von Ritualen

Ein Alternativverhalten ist eine Handlung, die der Hund statt der unerwünschten ausführt, zum Beispiel Futtersuche am Boden oder Hinsetzen statt Hochspringen.

Hyperaktiven Hunden hilft es in der Regel, ein Alternativverhalten zu erlernen. Dies mag seltsam klingen, weil es aussichtslos erscheint, gerade diesen Hunden in den schwierigen Situationen etwas beizubringen! Alternativverhaltensweisen helfen hyperaktiven Hunden, weil sie dem Hund den Konflikt „Was soll ich bloß tun?", also die „Qual der Wahl" nehmen. Sie brauchen die schwierige Situation nicht mehr selber zu gestalten, was sie so häufig überfordert, sondern Herrchen oder Frauchen übernehmen das für sie! Die norwegische Hundetrainerin Tone Myhrer sagt: „Reducing the freedom of choice makes everything a little bit easier!" (mündliche Mitteilung an die Autorin, Übersetzung: „Die Entscheidungsfreiheit einzuschränken macht alles ein wenig einfacher.")

Bitte denken Sie bei Alternativverhaltensweisen nicht an komplizierte Abläufe wie ausdauerndes „bei Fuß"-Gehen oder Aufsuchen, Hinlegen und Liegenbleiben auf einem Liegeplatz. Auch das Anschauen des Halters oder Fressen können Alternativverhaltensweisen sein! Langfristig kann aus solchen einfachen Verhaltensweisen ein aufwändigeres Alternativverhalten entwickelt werden; denn ist ein Hund erst einmal so weit, dass er in den schwierigen Situationen zuverlässig etwas fressen kann, kann er im nächsten Schritt üben, seinen Menschen vor der Futtergabe anzuschauen oder der Futter gebenden Hand zu folgen. Gelingt auch das, wird daraus ein „sitz" entwickelt und so weiter.

Manchmal bieten sich spontane Verhalten des Hundes an: Zum Beispiel nehmen manche Hunde in Begrüßungssituationen Spielzeuge auf. Werden sie dafür gelobt, so festigt sich dieses Verhalten. Im nächsten Schritt kann man einem solchen Hund beibringen, dieses Spielzeug zu holen, wenn Besuch kommt, und dieses herumzutragen, bis eine Belohnung erfolgt; denn viele Hunde, die mit dem Tragen eines Spielzeuges beschäftigt sind, bedrängen den Besucher nicht mehr.

Beachten Sie: Jedes Alternativverhalten – auch ein ganz einfaches – sollte außerhalb der schwierigen Situation eingeübt werden. Belohnen Sie sehr häufig, damit Ihr Hund gute Gründe hat, das Alternativverhalten zu zeigen. Schon bald werden Sie sehen, dass sich aus dem Alternativverhalten ein festes Ritual entwickelt, das in schwierigen Situationen helfen kann. Beachten Sie beim Aufbau des Alternativverhaltens die Tipps aus Anhang C!

Gegenkonditionierung

Ist der Hund zu aufgeregt, um Alternativverhalten zeigen zu können, dann muss zunächst gegenkonditioniert werden, bis der Hund die auslösende Situation zum Beispiel mit Fressmotivation verknüpft hat. Den Begriff „Gegenkonditionierung" könnte man mit „Gegenlernen" oder „Umlernen" übersetzen. Aus einer unerwünschten Emotion (Wut, Angst, übermäßige Spielbegeisterung...) soll eine erwünschte (z.B. Futtererwartung, Freude über Frauchens Zuwendung, „Streichelstimmung") werden.

Hat der Anblick eines fremden Hundes zum Beispiel bei Hund Leo bisher Wut ausgelöst, so kann Leo lernen, dass der Anblick des Fremden die Gabe von Fleischwurst bei seinem Menschen bedeutet. Er kann so positiv gestimmt und entspannter bleiben (siehe Diagramm). In diesem Beispiel ist der Auslöser der fremde Hund, die unerwünschte Emotion Wut und das eingesetzte Mittel zum Gegenkonditionieren die Fleischwurst.

Andere Beispiele für Auslöser sind die Türklingel, ein Besucher, der die Schwelle übertritt, und Hundegebell. Jeder dieser Auslöser kann mit Futter kombiniert werden. Damit der Hund lernen kann, sollte der Auslöser so gering sein, dass der Vierbeiner ihn deutlich erkennbar wahrnimmt, aber noch nicht in starke Aufregung gerät. Dies erreichen Sie durch großen Abstand zum Auslöser, durch Auswahl eines nicht ganz passenden Auslösers (z.B. ein befreundeter Hund statt eines fremden), oder indem der Auslöser nur ganz kurz präsentiert wird. Manchen Hunden kann der Einstieg in die Gegenkonditionierung mit Hilfe der „Jump-Start"-Technik erleichtert werden.

Unmittelbar nach der Wahrnehmung des Auslösers bekommt der Hund ein leckeres Stück Futter. Das Ziel dieser Übungen ist, dass die Wahrnehmung des Auslösers Futtererwartung hervorruft – und der Hund sich deswegen zum Menschen umwendet oder beginnt am Boden zu suchen (je nachdem, wo

GEGENKONDITIONIERUNG

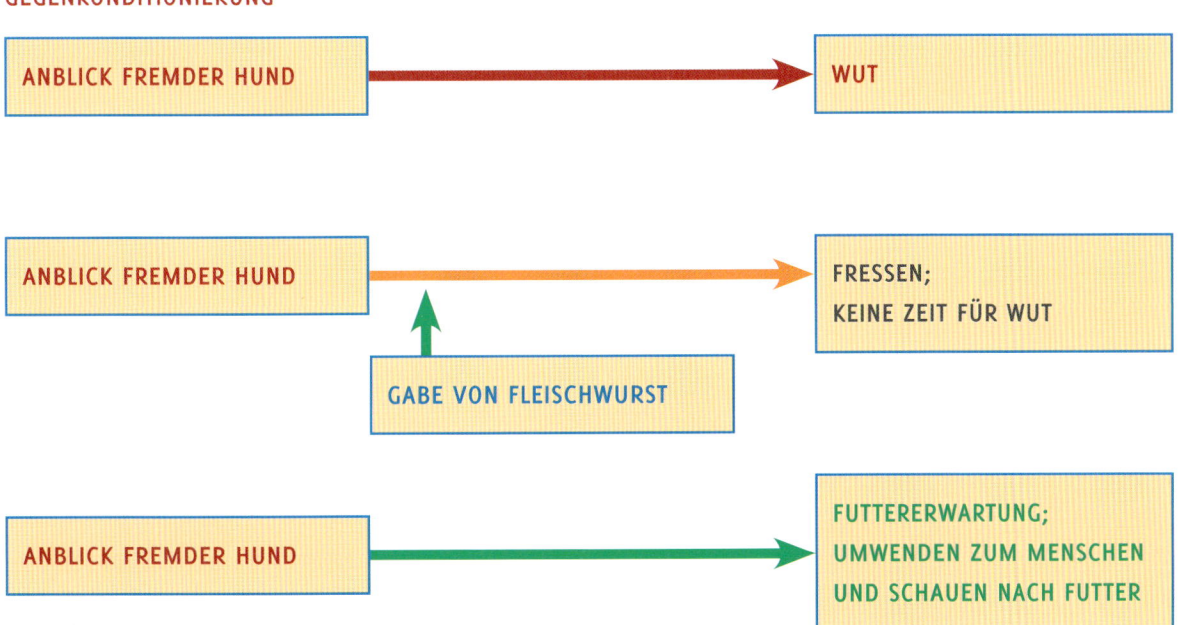

er das Futter erwartet). Wurde dies erreicht, kann der Auslöser größer werden, zum Beispiel indem der Hund näher an ihn herangeführt wird, oder er kann variiert werden, zum Beispiel indem die Umgebung gewechselt wird, oder ein anderer Hund als Begegnungspartner verwendet wird. Gegenkonditionierung gelingt sehr häufig. Allerdings ist es zwingend erforderlich, dass die auslösende Situation gut bekannt ist und dass in kleinen Schritten vorgegangen wird.

> **Tipp:**
> *So funktioniert die „Jump-Start"-Technik: Füttern Sie den Hund schon, bevor der Auslöser auftaucht, bieten Sie den Auslöser dann unmittelbar nach einer Futtergabe ganz kurz an – und füttern Sie sofort weiter. Diese Übung führen Sie ein paar Mal durch. Gelingt das ohne große Aufregung, dann zeigen Sie Ihrem Hund vor dem Auslöser das Leckerchen – belohnen ihn aber erst bei Anwesenheit des Auslösers. Wiederholen Sie dies einige Male. Kann Ihr Hund auch dabei vergleichsweise gelassen bleiben, dann üben Sie ohne „Jump-Start"-Technik weiter.*

In Anhang A erhalten Sie verschiedene detaillierte „Lösungsvorschläge" für schwierige Situationen.

STRESS-MANAGEMENT

Bisher haben Sie Maßnahmen kennen gelernt, die Ihnen helfen, mit Ihrem Hund leichter durch den Alltag zu kommen. Wenn Sie und Ihr Hund mit weniger Konflikten durch das Leben gehen, dann wird dadurch das Stress-Niveau (Ihres und das Ihres Hundes) sinken.

Wie ein ausgeglichener Mensch ist auch ein ausgeglichener Hund ruhiger und gelassener. Daher lohnt es sich, noch mehr „Stress-Management" zu betreiben, was aber nicht immer einfach ist. Zwei Beispiele veranschaulichen dies: Ein engagiertes Rentnerehepaar, das auf dem Lande in ruhiger Umgebung lebt, ist viel eher in der Lage, die Reizflut zu reduzieren, die auf einen Hund einströmt, als eine Familie, die in der Stadt lebt und zu der normal lebhafte Kinder zählen. Es kann und sollte trotzdem für jeden Hund eine Senkung des Stress-Niveaus angestrebt werden. Lassen Sie sich durch die folgenden Hinweise anregen!

ERFÜLLUNG HUNDETYPISCHER BEDÜRFNISSE

Hunde sind Tiere. Ihre Anpassungsfähigkeit an das Leben mit uns hat Grenzen. Werden diese Grenzen allzu weit überschritten, geraten Hunde in Stress. Sie werden reizempfindlicher und aktiver.

Ein Beispiel macht dies deutlich: Hunde sind soziale Lebewesen. Wenn wir von ihnen erwarten, allein zu Hause zu bleiben, dann müssen sie sich an diesen menschlichen Wunsch anpassen. Die Fähigkeit, dies zu tun, besitzen Hunde in unterschiedlichem Maße. Sie geraten in unterschiedlichem Maße in Stress, wenn sie allein bleiben müssen.

Eine gute Möglichkeit herauszufinden, wo solche Anpassungsgrenzen unserer Hunde liegen, ist die Frage nach den arttypischen Bedürfnissen, welche die Tierart „Hund" nun einmal hat. Darüber hinaus unterscheiden sich die individuellen Bedürfnisse der einzelnen Hunde. Der Begriff „Bedürfnisse" bezeichnet die Dinge, die ein Hund für ein gesundes Leben braucht. Er kann nur bis zu einer bestimmten Grenze darauf verzichten und gerät in Stress, wenn er sich Bedingungen anpassen muss, die seine Bedürfnisse nicht ausreichend befriedigen. Einige Beispiele dafür sind: Sicherheit, Schutz vor unangenehmer Witterung, ausreichend Futter, Wasser und Schlaf. Streben Sie danach, die Bedürfnisse Ihres Hundes zu kennen und soweit wie möglich zu befriedigen!

Die Bedürfnisse nach Essen, Trinken und Witterungsschutz werden meistens ausreichend berücksichtigt. Stimmt das? Schon bei diesen Punkten gehen die Meinungen auseinander. Zum Beispiel: Einige Fachleute halten es für wünschenswert, auch beim Rottweiler oder Labrador die Rippen durch das Fell schimmern zu sehen. Andere weisen darauf hin, dass Futterfrustration außerordentlich aktiv und reizbar machen kann! Vielleicht kennen Sie das auch von sich selbst... Wer hat nun recht? Was ist richtig? Bei anderen Bedürfnissen (Beschäftigung, Bewegung...) gehen die Meinungen noch weiter auseinander!

Folgende Fragen helfen herauszufinden, welche Bedürfnisse Ihr Hund hat:

1 Was würde er dafür tun? Würde er weit laufen oder hohe Hindernisse überwinden, um diese bestimmte Sache zu erreichen? Wenn Ihr Hund einen hohen Aufwand betreiben würde, um etwas zu bekommen, dann ist sein Bedürfnis stark!
2 Zeigt er ein objektbezogenes Verhalten an weniger gut geeigneten Dingen? Dann hat er möglicherweise ein Bedürfnis, das nicht ausreichend befriedigt wird (z.B. Nagen an Möbeln beim unbefriedigten Bedürfnis nach Schnauzenaktivität).
3 Wird der Hund sofort oder später nervöser, reizempfindlicher oder in anderer Art verhaltensauffällig, wenn ihm eine bestimmte Sache dauerhaft fehlt? Fehlt beispielsweise ausreichend Ruhe, dann wird der Hund immer unruhiger und reizempfindlicher.
4 Wird er krank, wenn er lange Zeit auf eine bestimmte Sache verzichten muss?
5 Können später im Leben Probleme entstehen? Ein Beispiel hierfür ist die Ängstlichkeit von Hunden, denen es als Welpen an Erlebnissen gemangelt hat.
6 Geben sein Körperbau und seine Fellbeschaffenheit Hinweise? (Kurzhaarige Hunde brauchen mehr Witterungsschutz. Kurzbeinige Hunde brauchen andere Formen der Bewegung als langbeinige. Bestimmte Körperformen sind eher für kurze Sprints geschaffen als für Ausdauerläufe.)

Rassen wie z.B. Rottweiler oder Labrador Retriever haben einen kräftigen Körperbau und dürfen dementsprechend mehr Gewicht auf die Waage bringen.

Schlittenhunde haben ein erhöhtes Laufbedürfnis und leben gerne in Gruppen mit Artgenossen.

7 Kennen Sie die Rasse Ihres Hundes oder die Rassen, die bei Ihrem Hund beteiligt sind? Wie hat diese Rasse oder dieser Hundeschlag ganz zu Anfang der „Zuchtgeschichte" gelebt? Wurden sie zum Beispiel häufig und auf bestimmte Art und Weise beschäftigt? Oder wurden sie meist in Gruppen gehalten?

8 Was würde Ihr Hund tun, wenn er die „freie Wahl" hätte? Wenn es keine Zäune, keine Türen, keine Verbote gäbe... Was würde er sofort tun und wie würde er sich verhalten, wenn diese Freiheit mehrere Wochen anhielte?

9 Wie verhalten sich verwilderte Hunde in ähnlicher Situation? (In eingeschränktem Maße kann auch das Leben von Wölfen als Hinweis dienen.)

Möglicherweise haben Sie nun Bedürfnisse gefunden, die zu befriedigen Sie Ihrem Hund nicht erlauben können (z.B. unkontrolliertes Jagen), solche, die er erlernt hat (z.B. ein großes Interesse am Ballspiel), oder solche, deren Erfüllung ihn aufgeregter machen würde (z.B. schnelles Spiel). Wenn Sie sich entscheiden, bestimmte Bedürfnisse nicht zu befriedigen, dann wird Ihr Hund vorübergehend unter Stress geraten. Geben Sie Ihrem Hund Zeit, sich an diese Mangelsituation anzupassen, und reduzieren Sie in dieser Zeit weitere Stress-Quellen. Suchen Sie außerdem nach einer Ersatzbeschäftigung, die besser für ihn ist (z.B. Stöberspiele statt Jagdausflüge).

Die Antworten auf diese Bedürfnis-Fragen sind längst nicht bei allen Hunden gleich! Es gibt große Unterschiede und gerade hyperaktive Hunde haben andere Bedürfnisse als der Durchschnittshund. Zusätzlich unterscheiden sie sich untereinander recht stark, zum Beispiel was ihr Bedürfnis nach Nähe zum Sozialpartner angeht oder die Gestaltung des Liegeplatzes und der Ruhezeiten, damit sie wirklich zur Ruhe kommen. Bei der Suche nach Antworten für Ihren Hund hilft es Ihnen, folgende Bereiche zu überprüfen:

SICHERHEIT

Dieses Bedürfnis ist bei Hunden und Menschen zentral. Ihr Hund sollte möglichst selten Angst haben. Vermeiden Sie Auslöser und Situationen, in denen Ihr Hund Angst hat!

Beobachten Sie Ihren Hund und finden Sie heraus, wann er Konflikt oder Verunsicherung zeigt (z.B. beim Schließen der Autoklappe, bei Streit im Haus, oder wenn Sie sich zum Anleinen über ihn beugen). Vereinfachen oder vermeiden Sie diese Situationen.

RUHE/ SCHLAF

Wie viel Ruhe und Schlaf braucht ein Hund? Für sehr viele verhaltensauffällige Hunde gilt: Möglichst viel! Allerdings fällt es manchen hyperaktiven Hunden schwer, zur Ruhe zu kommen. Wenn Ihr Hund zu diesen gehört, dann können Sie experimentieren:

- Liegt Ihr Hund gern kalt oder warm, weich oder hart, ausgestreckt oder eingerollt, in einer „Höhle" (wie z.B. unter einem Tisch) oder auf einem Platz mit Übersicht? Ermöglichen Sie ihm den Platz, auf dem er am besten zur Ruhe kommt. Wenn Ihr Hund zum Beispiel am besten zur Ruhe kommt, wenn er auf dem Sofa liegt, dann erlauben Sie ihm das Sofa oder schaffen Sie einen ähnlichen Ort!

- Hilft es ihm, wenn Sie den Raum etwas abdunkeln und Umgebungsgeräusche dämpfen, indem Sie das Radio anstellen?
- Viele Hunde legen sich hin, wenn ihre Menschen sich monotonen Beschäftigungen widmen, oder selber Mittagsruhe halten.
- Gewöhnen Sie Ihren Hund an eine Box und testen Sie, ob er darin schneller entspannt. Ähnlich kann ein „Tie-Down" funktionieren: Dabei wird der Hund angebunden, damit er zur Ruhe kommt. ABER VORSICHT: Box und „Tie-Down" helfen längst nicht jedem Hund. Auf jeden Fall sollten sie sorgfältig eingeübt werden. Lesen Sie dazu im Anhang B nach!
- Wenden Sie Entspannungstechniken wie zum Beispiel Massagen, Tellington-Touch oder Ähnliches an!
- Ein regelmäßiger Tagesablauf mit festen Ruhephasen für den Hund ist hilfreich.
- Für alle Hunde gilt, dass sie auf ihrem Ruheplatz möglichst nicht gestört werden sollten.

GEISTIGE UND KÖRPERLICHE BESCHÄFTIGUNG

Wie viel Beschäftigung ist gut für einen bestimmten Hund? Durch Ausprobieren finden Sie heraus, welches Maß für Ihren Hund stimmt: sowohl ein Zuviel als auch ein Zuwenig macht ihn zappeliger. Wenn Sie Ihren Hund bisher recht viel beschäftigt haben, dann reduzieren Sie dies: Geben Sie Ihrem Hund ein paar Wochen Urlaub. Es ist wichtig, dass Sie diese Reduktion mindestens eine Woche durchhalten, um beurteilen zu können, ob Ihr Hund davon profitiert. Es kann nämlich sein, dass Ihr Hund in den ersten Tagen zappeliger wird, weil er noch mehr „action" erwartet.

Beispiel Cora: Die junge Deutsch Drahthaarhündin Cora wurde von ihren Haltern als hyperaktiv beschrieben. Besonders Besuchern gegenüber verhalte sie sich sehr ungestüm, komme im Haus nicht zur Ruhe und ziehe draußen heftig an der Leine. Da sie aus einer Arbeitslinie stammt, war den Haltern klar, dass sie viel und intensiv beschäftigt werden muss. Dann brach Cora sich das Bein. Die Halter befürchteten, dass die wochenlange Zwangsruhe aus Cora ein nervöses Bündel machen würde (und aus ihren Menschen ebenso…). Das Gegenteil war der Fall: In diesen Wochen wurde Cora immer ausgeglichener. So entstand die Vermutung, dass das Ausmaß an Beschäftigung, das ihre Menschen Cora geboten hatten, für sie viel zu viel gewesen war. Nach ihrer Genesung wurde dies angepasst. Cora kehrte nicht mehr zu ihrem alten unruhigen Verhalten zurück.

Experimentieren Sie auch mit verschiedenen Formen der Beschäftigung. Begeben Sie sich auf die Suche nach Aktivitäten, die Ihren Hund nicht aufregen! Gut geeignet sind zum Beispiel Erkundungs-

Suchspiele fördern Konzentration und Körperbewusstsein.

spaziergänge, Gehorsamstraining, Kopfarbeit (nachzulesen in dem Buch „Das große Spielebuch für Hunde" von C. Sondermann), Nasenarbeit (siehe das Buch „Spurensuche" von A. L. Kvam) und langsame körperliche Aktivität (z.B. ein Spaziergang oder Körperarbeit, wie sie in einem der nächsten Kapitel vorgestellt wird).

SOZIALKONTAKTE

Als soziale Lebewesen brauchen Hunde regelmäßigen Kontakt zu Artgenossen. Dabei sollte nach ruhigen Kontakten wie zum Beispiel auf gemeinsamen Spaziergängen gesucht werden, denn andauerndes wildes Spiel wirkt zu stimulierend.

Zu geringe Kontakte zum Menschen, wie zum Beispiel bei Zwingerhaltung oder häufigem Alleinsein, können einen Hund ebenfalls (erheblich) beeinträchtigen.

SENSORISCHE DIÄT

Bei der Ernährung von Menschen und Tieren wird als „Diät" bezeichnet, wenn bestimmte Inhalte weggelassen oder reduziert werden, je nach Bedarf zum Beispiel Zucker, bestimmte Eiweiße oder Fette, oder Kalorien insgesamt. Ähnliches passiert bei einer „sensorischen Diät": Die Menge an Erlebnissen (man könnte sagen: die Menge an „sensorischen", also über die Sinnesorgane aufgenommenen, „Kalorien") wird reduziert.

Ein gestresster Mensch profitiert davon, weniger arbeiten zu müssen, weniger zu erleben und weniger gestört zu werden. Das geht gestressten Hunden ähnlich: Es hilft ihnen, wenn ihre Erlebnismenge reduziert wird, denn ihr Stresslevel kann nur sinken, wenn er nicht durch immer neue Erlebnisse weiter hoch gehalten wird. Welche Erlebnisse steigern Stress? Bei einem empfindlichen Hund können dies (zu) lange Spaziergänge sein, das Aufsuchen einer fremden Umgebung, Besucher, der Aufenthalt auf dem Hundeplatz, ein langes Training, Autofahrten oder Ähnliches. Das Verhalten Ihres Hundes zeigt Ihnen, wie stark ein Erlebnis wirkt! Achten Sie einfach auf äußere Anzeichen für akuten Stress (z.B. Hecheln, gerötete Schleimhäute, häufiges Pinkeln, Unruhe, hektischer Blick usw.). Solche Anzeichen teilen Ihnen mit: „Dieses Erlebnis erhöht den Stresslevel." Desto stärker die Symptome sind, desto stärker ist der „sensorische Kaloriengehalt" einer Situation, und umso wichtiger ist es, den Hund aus der Situation herauszuholen und diese in Zukunft zunächst zu vermeiden.

Eine sensorische Diät kann erfolgen, indem allgemein die Erlebnismenge reduziert wird durch:
- weniger Abenteuer (z.B. weniger Autofahrten, Hundeplatzbesuche, übermäßiges Spiel, weniger oder kürzere Spaziergänge, Spaziergänge in ruhi-

gen Umgebungen, in der immer selben Umgebung usw.),
- einen festen Tagesablauf (mit weniger Überraschungen, dafür mehr Erwartungssicherheit).

Eine sensorische Diät kann aber auch nur bestimmte „Kalorien" betreffen. Dann werden nur besonders ungünstige Reize weggelassen. So können zum Beispiel alle Situationen, die den Hund aufregen, vermieden oder verkürzt werden. Schreiben Sie dazu eine Liste mit all den Dingen und Situationen, die Ihren Hund in Aufregung versetzen – und lassen Sie dann möglichst vieles davon weg.

Welches der beiden – die totale Reduktion oder nur das Weglassen bestimmter Erlebnisse – braucht Ihr Hund? Ganz allgemein gilt: Zu Beginn der Therapie ist es sinnvoll die Erlebnismenge insgesamt für ein bis drei Wochen zu reduzieren. Danach steigern Sie die Reizflut langsam wieder, lassen aber weiterhin möglichst viele aufregende Situationen weg. Erst, wenn die Therapie Ihres Hundes zu einem zufriedenstellenden Ergebnis geführt hat, können Sie die Reizflut weiter vorsichtig steigern.

Achtung:
- Wenn Sie wissen, dass Sie bestimmte aufregende Situationen langfristig nicht vermeiden können, dann müssen Sie diese trainieren. Nehmen Sie diese Situationen in Ihre „Liste schwieriger Situationen" auf und verfahren Sie, wie im entsprechenden Kapitel erklärt.
- Manchen Hunden fehlt die notwendige „Hardware" (d.h. die notwendige Leistungsfähigkeit des Gehirns), um mit dem normalen menschlichen Alltag klarzukommen. Dies gilt für Hunde mit sehr ungünstiger Veranlagung, für solche mit ausgeprägtem Deprivationssyndrom und für manche traumatisierte Hunde. Diese Hunde brauchen lebenslang eine sensorische Diät. Das bedeutet: Situationen, die für andere Hunde normal sind (z.B. ein Spaziergang in belebter Umgebung), müssen weitgehend gemieden werden. Sonst besteht die Gefahr, dass ihr Stresslevel übermäßig ansteigt, mit den bekannten Folgen für Gesundheit und Verhalten.
- Eine sensorische Diät kann Nachteile haben: Wenn Sie Ihren Hund zum Beispiel gerade an vorbeifahrende Autos gewöhnt haben, dann geht diese Gewöhnung wieder verloren, wenn er eine Zeit lang keine Autos sieht. Wenn Sie also vermuten, dass eine radikale sensorische Diät bei Ihrem Hund zum Verlust mühsam erworbener Fähigkeiten im Umgang mit Umweltreizen führt, dann müssen Sie abwägen: Sind diese neu erworbenen Fähigkeiten sehr wichtig? Können sie erhalten werden, ohne den Stresslevel stark zu beeinflussen (z.B. indem der Hund gelegentlich in ruhiger Umgebung ein Auto sieht)? Oder ist es am wichtigsten, den Stresslevel Ihres Hundes zu senken? Im Zweifelsfall halten Sie die Dauer der Diät kurz oder reduzieren Sie nur die aufregenden Dinge.

ENTSPANNUNG

Die „sensorische Diät" wird dafür sorgen, dass der Stresslevel Ihres Hundes nicht weiter gesteigert wird, sondern immer weiter absinkt, und dieses Sinken können Sie gezielt beschleunigen! Die folgenden Maßnahmen tragen ohne großen Aufwand dazu bei, den Stresslevel zu reduzieren. Spezielle Techniken der konditionierten Entspannung, von denen Hunde außerordentlich profitieren können, werden im Kapitel „Wichtige Werkzeuge" beschrieben.

SCHLAFEN UND TRÄUMEN

Im Schlaf wird Stress abgebaut. Dies geschieht vermutlich vor allem dann, wenn Ihr Hund alle Schlafphasen durchläuft, wobei besonders die Tiefschlafphasen wichtig sind. Am Wechsel von Träumen (erkennbar daran, dass Ihr Hund im Schlaf kleine Bewegungen macht oder sogar Laute von sich gibt) und ruhigen Schlafphasen können Sie leicht erkennen, dass Ihr Hund verschiedene Phasen „durchschläft"! Sorgen Sie daher unbedingt für ausreichend Zeit und Ruhe. Ihr Hund sollte nicht nur nachts, sondern auch tagsüber mehrere Stunden tief schlafen. Das ist für hyperaktive Hunde nicht einfach. Oft kann die Schlafdauer erst mit der Zeit gesteigert werden. Hinweise dazu finden Sie unter „Ruhe und Schlaf".

KONTAKTLIEGEN

Beim ruhigen, engen Kontakt mit Sozialpartnern breitet sich Wohlbefinden im Körper des Hundes aus und Stress wird reduziert. Übrigens gilt dies für Hunde und Menschen! Deswegen sollten Sie Ihrem Hund die Möglichkeit bieten, mit direktem Kontakt zu Ihnen zu liegen. Setzen Sie sich zu ihm auf den Boden oder laden Sie ihn auf das Sofa ein. Bei manchen hyperaktiven Hunden bringt es die gesteigerte Reizempfindlichkeit mit sich, dass sie Körperkontakt nicht mögen. Sie versuchen, sich beim Streicheln oder bei Massagen zu entziehen und vermeiden es, in direktem Körperkontakt zu liegen. In den meisten Fällen können diese Hunde lernen, Berührungen zu genießen. Bieten Sie bei einem solchen Hund Körperkontakt immer wieder an, und versuchen Sie herauszufinden, welche Art von Berührung er am wenigsten unangenehm findet. Hunde, die dazu in der Lage sind, können mit einem Signal (z.B. „Platz") zum kurzzeitigen Liegen neben ihrem Halter aufgefordert und dafür mit Futter belohnt werden. Achten Sie jedoch darauf, Ihren Hund mit dieser Übung nicht zu überfordern! Zwingen Sie ihn niemals, liegen zu bleiben, wenn er Ihre Berührungen nicht mag. Sie sollten nach weniger als einer Minute merken, dass Ihr Hund beginnt sich zu entspannen. Denn: Kommt er durch die Aufforderung zum Liegen zur Ruhe, döst er oder schläft evtl. sogar ein, macht das Signal Sinn. Entspannt er sich nicht, ist dies die falsche Methode für ihn.

Manche Hunde akzeptieren das Liegen mit Kontakt, wenn sie gleichzeitig kauen oder vor einer Wärmequelle liegen dürfen. Haben Sie eine Möglichkeit gefunden, Ihrem Hund in angenehmer Weise Körperkontakt zu bieten, dann unterbrechen Sie den Kontakt, solange Ihr Hund ihn noch positiv erlebt. Dann wird er sich schon bald auf das nächste Mal freuen!

Manche Hunde müssen sich erst an streichelnde Berührungen gewöhnen, bevor sie andauernden Kontakt im Liegen aushalten. Weitere Tipps zur Gewöhnung an Berührung finden Sie deswegen im Kapitel „Wichtige Werkzeuge".

KAUEN
Menschen und Hunde entspannen sich, wenn sie kauen, lutschen oder nagen.

MASSNAHMEN ZUR SOFORTIGEN REDUZIERUNG DER AUFREGUNG

Alles, was die Aufregung senkt, verhindert das erneute Ansteigen des Stresslevels! Im Folgenden werden mögliche Maßnahmen genannt. Egal, welche Sie ausprobieren, fahren Sie auf jeden Fall lange genug damit fort, denn auch wenn eine Methode wirkt, muss sie oft mehrere Minuten oder sogar eine halbe Stunde durchgeführt werden, ehe sie ihre volle Wirkung entfaltet. Entspannung kann jedoch erlernt werden – Sie werden es daran erkennen, dass Ihr Hund sich immer schneller entspannt!

FRESSEN
Kauen oder die Futtersuche am Boden können eingesetzt werden, um Aufregung schnell abzubauen.

RETTEN SIE IHREN HUND!
Wenn Sie merken, dass das Erregungsniveau Ihres Hundes steigt, verändern Sie sofort die Situation. Überprüfen Sie als erstes Ihre eigene Aufregung: Erkennt Ihr Hund Ihre Stimmung an Ihrer Körperhaltung oder Hektik? Dann wird er diese übernehmen. Entspannen Sie sich, bewegen Sie sich lockerer und verändern Sie Ihre Körperhaltung, so dass Sie entspannter aussehen (z.B. indem Sie die Schultern zurücknehmen und hängen lassen). Um Ihren Hund zu „retten", können Sie ihn an einen anderen Ort bringen oder ihn ablenken. Zum Ablenken eignen sich Kauen oder eine Futtersuche, oder die Aufforderung zu einer kleinen Gehorsamsübung. „Sitz", „Platz", das Anschauen des Menschen oder das Anstoßen der Hand auf Signal können ausgesprochen nützlich sein, um einen Hund schnell aus beginnender Aufregung herauszuholen. Dazu müssen diese Signale bereits gut beherrscht werden. Üben Sie sie also vorher in ruhiger und entspannter Atmosphäre ein – dann sind sie besonders nützlich!

AUFSUCHEN EINES SICHEREN ORTES
Manche Hunde haben Orte, an denen sie sich schnell entspannen können. Dies kann zum Beispiel das Auto sein, das Fernsehzimmer oder eine Box, wenn Ihr Hund daran gewöhnt ist. Gilt das auch für Ihren Hund? Dann bringen Sie ihn tagsüber immer mal wieder an diesen Ort, vor allem dann, wenn er beginnt, sich aufzuregen. Bevor Sie eine Hundebox benutzen, bedenken Sie bitte, dass Ihr Hund sie als Ort der Entspannung kennen gelernt haben muss. Ist dies nicht der Fall, kann der Aufenthalt in einer Box für das Stressniveau Ihres Hundes schädlich sein!

ERLERNTE ENTSPANNUNGSTECHNIKEN
Diese Techniken können nicht nur helfen, Ihren Hund insgesamt ausgeglichener zu machen. Werden sie sorgfältig eingeübt, können sie Aufregung sofort reduzieren. Lesen Sie dazu unter „Wichtige Werkzeuge" nach.

WICHTIGE WERKZEUGE:

Mit dem folgenden Maßnahmenkatalog erhalten Sie einen „Werkzeugkasten" zur Therapie hyperaktiver Hunde. Denken Sie dabei an den Grundsatz: Was dem einen hilft, kann dem anderen schaden! Wenn Sie also bemerken, dass Ihr Hund durch eine Maßnahme aufgeregter wird, dann unterbrechen Sie diese sofort und überprüfen Sie, ob die Durchführung korrekt war. Wenn ja – dann ist diese Maßnahme für Ihren Hund vermutlich nicht geeignet. Wählen Sie eine andere.

GRUNDLEGENDE HINWEISE ZUR ANWENDUNG DER WERKZEUGE

STARKE EINDRÜCKE: DER MÜCKENSTICH-EFFEKT

Hyperaktiven Hunden helfen langsame, aber starke Eindrücke. Das ist zum Teil sofort verständlich: Schnelles stimuliert, Langsames hilft beim Konzentrieren. Aber warum sind starke Eindrücke besser? Das hat eine neurologische Ursache, die Sie vom Kratzen an Mückenstichen kennen: ein starker Sinneseindruck (Ihr heftiges Kratzen) führt dazu, dass kleinere Sinneseindrücke (das permanente leichte Jucken des Mückenstiches) vorübergehend unterdrückt werden. Deswegen tut Kratzen so gut! In ähnlicher Weise helfen hyperaktiven Hunden alle Eindrücke, die als „wichtig" bewertet werden (z.B. eine besonders leckere Belohnung, kräftige Berührungen beim Streicheln oder Klettern unter Einsatz des ganzen Körpers), weil durch das intensive Erleben die permanente Flut kleinerer Reize vorübergehend ausgeblendet wird. In einer Art „Selbsttherapie" suchen manche Hunde sogar nach starken Eindrücken, indem sie zum Beispiel jagen gehen, sehr intensiv spielen oder sich an Wänden entlang scheuern. In unserer Therapie helfen deutliche, starke Eindrücke beim Konzentrieren auf das Wesentliche. Dieses Prinzip wird bei vielen der folgenden Werkzeuge genutzt.

KLARHEIT MACHT GELASSENER!

Es hilft Ihrem Hund, wenn er weiß, was als Nächstes kommt und was er tun soll. So werden Konflikte vermieden, die ihn zappeliger machen könnten. Wenn Sie Ihren Hund trainieren oder die unten aufgeführten Übungen anwenden, dann wählen Sie daher solche aus, die für Sie und Ihren Hund gut durchführbar sind. Vermeiden Sie Aufgaben, an deren Durchführbarkeit Sie von vornherein zweifeln. Überlegen Sie vorher sorgfältig, wie Sie vorgehen, damit alles flüssig klappt: Wo üben Sie und mit welchen Hilfsmitteln ist die Übung am effektivsten umsetzbar? Wo ist der Hund, wo sind die Belohnungen, wie bewegen Sie sich? Erst wenn Sie ein klares Bild vor Augen haben, legen Sie los. Rechnen Sie damit, dass Sie umdenken müssen, wenn etwas nicht klappt.

In einer Art „Selbsttherapie" suchen manche Hunde nach starken Eindrücken, wie z.B. wilden Raufspielen.

Setzen Sie Ihre Stimme und Körpersprache bewusst ein, um Ihr Vorhaben für den Hund verständlich zu machen! Wenden Sie folgende Tricks an: Wenn eine Übung zuverlässig gelingt, bekommt sie einen Namen (siehe unten: z.B. „Such" für Futtersuche, „Klettern" für Körperarbeit usw.). Diese Bezeichnungen helfen dem Hund, schnell zu verstehen, was gemeint ist. Noch wichtiger ist allerdings Ihre Mimik und Ihre Körpersprache! Setzen Sie Bewegungen gezielt ein, denn sie helfen Ihrem Hund bei der Konzentration. Vermeiden Sie dabei alles Überflüssige. Richten Sie Ihre Aufmerksamkeit und Ihre Bewegungen auf die vorliegende Aufgabe, denn so teilen Sie Ihrem Hund auch „nonverbal" mit, worum es geht. Auf diese Weise machen Sie mit Körpersprache und Stimme ganz klar, worum es geht und vermeiden Verwirrungen! Und: Von Mal zu Mal versteht Ihr Hund noch schneller, was gemeint ist.

Diese Hunde haben durch gezielte Kletterübungen ihr Körperbewusstsein trainiert und können deshalb sogar gemeinsam einen Baum erklimmen.

MARKER SCHAFFEN KLARHEIT

Viele der aufgeführten „Werkzeuge" setzen Futter zum Belohnen des Hundes ein. Wird die Belohnung mit einem Markersignal angekündigt, dann wirkt sie präziser (denn der Marker kann zeitlich sehr exakt gesetzt werden) und stärker (weil der Hund sich schon vorher freuen kann). Das bekannteste Markersignal ist das „Click" eines Clickers. Es können aber auch andere Geräusche wie ein Schnalzen oder kurze Silben (z.B. „jupp", „Jawoll" oder „Yes") eingesetzt werden. Genaueres lesen Sie in Anhang B nach!

Übrigens: Die Vorfreude, die der Marker auslöst, wird im Gehirn durch den „Vorfreudestoff" Dopamin vermittelt – und Dopamin hilft beim Konzentrieren (siehe Kapitel „Ursachen")! Ist Ihr Hund übermotiviert und kann nicht stillhalten, weil er sich so sehr freut? Dann benutzen Sie statt Marker ruhige Lobworte und verwenden weniger hochwertige Leckerlis!

KONSEQUENZ SCHAFFT KLARHEIT

„Konsequenz" bedeutet nicht, hart durchzugreifen oder alles durchzusetzen – egal was der Hund tut oder fühlt. Konsequenz bedeutet, dass Sie sich selber an die Vorsätze halten, die Sie sich vorgenommen haben: Wenn Sie sich entschlossen haben, Verhalten A zu ignorieren und Verhalten B zu belohnen – dann halten Sie sich daran! Das Gleiche gilt für Regeln, die Sie für Ihren Hund aufstellen, oder für den Trainingsplan, den Sie einhalten wollen. Halten Sie sich an Ihre Vorsätze – egal ob Sie Lust dazu haben oder nicht. Ihr Hund braucht Ihre Selbstdisziplin! Haben Sie den Eindruck, diese Vorsätze müssen verändert werden? Dann setzen Sie sich hin, überdenken Sie Ihre Regeln und Pläne – und fassen Sie neue Vorsätze. Halten Sie sich dann wieder konsequent an diese.

DIE BELOHNUNGSLISTE: WISSEN WAS WIRKT

Wissen Sie, worüber Ihr Hund sich freut? Welche Tätigkeiten, Dinge oder Personen er gern hat? Machen Sie eine Liste dieser kleinen und großen Freuden, hängen Sie die Liste zentral in Ihrer Wohnung auf und ergänzen Sie sie, wann immer Ihnen neue "Freuden" auffallen. Dann achten Sie genau darauf, wann er Zugang zu diesen bekommt! Denn sie wirken belohnend auf das Verhalten, das Ihr Hund unmittelbar vorher ausgeführt hat. Vermeiden Sie zum Beispiel, dass jemand den Hund anschaut, wenn er gerade bellt. Ein anderes Beispiel: Öffnen Sie nicht die Tür zum Garten, wenn Ihr Hund gerade drängelt. Diese "Belohnungsliste" wird übrigens auch bei den Werkzeugen "Alles Gute beginnt im Liegen" und "Integrierter Gehorsam" angewendet.

DIE WERKZEUGKISTE

RUHE FÖRDERN

Zu diesem wichtigen Thema ist im Kapitel "Stress-Management" schon einiges gesagt worden. Hier erfahren Sie noch gezieltere Maßnahmen, um den Erregungslevel Ihres Hundes insgesamt oder in speziellen Situationen zu senken.

Kleine Belohnungen erhalten die Freundschaft...

Belohnen Sie zufälliges ruhiges Verhalten mit Zuwendung. Wenn Ihr Hund ruhig steht, sitzt oder liegt, dann schauen Sie ihn freundlich an oder sprechen Sie in ruhiger Weise ein paar Worte mit ihm. So lohnt sich das ruhige Verhalten für Ihren Hund und er wird es immer häufiger zeigen. Für manche Hunde kann Zuwendung stimulierend wirken – sie springen dann sofort auf und laufen zum Halter. Wenn Sie einen solchen Hund haben, dann sollten Sie experimentieren: Vermeiden Sie schnelle Bewegungen und achten Sie auf einen entspannten ("schläfrigen") Gesichtsausdruck. Blicken Sie Ihren Hund gar nicht oder nur eine Sekunde lang an – vielleicht auch nur mit den Augen, so dass Ihr Gesicht weiterhin vom Hund abgewandt bleibt. Schauen Sie nur, sprechen Sie nicht. Oder wenden Sie ihm nur das Gesicht zu, aber schauen Sie zu Boden. Andere Hunde mögen leises, ruhiges Sprechen mit murmelnder tiefer Stimme – ohne dabei angeschaut zu werden. Vielleicht sagen Sie nur ein ruhiges Wort (z.B. "guuut"). Finden Sie heraus, was Ihr Hund mag und erträgt, ohne aktiv zu werden. Bei vielen Hunden kann die Intensität der Zuwendung mit der Zeit gesteigert werden.

Etwas ruhiger ist besser

Oft wünschen wir Menschen uns ein besonders artiges Verhalten, zum Beispiel das Liegenbleiben, wenn Besucher hereinkommen, oder das Laufen neben dem Menschen, wenn der Hund an der Leine

Geduldiges und ruhiges Verhalten wird belohnt ☺

ist. Solche Wünsche sind für Halter lebhafter Hunde zu Anfang unrealistisch. Sinnvoller ist es, sich an etwas ruhigerem Verhalten zu erfreuen und dieses mit Zuwendung oder einer Umweltbelohnung (das heißt, er erhält Zugang zu dem „Ding" in seiner Umwelt, das ihn gerade am meisten interessiert) zu bestätigen. In unseren Beispielen würde dies bedeuten: Der Hund wird freundlich angeschaut, gelobt oder er erhält Zugang zum Besucher, wenn er diesen stumm begrüßt und wenn die Pfoten am Boden bleiben. Beim Leinegehen belohnt der Hundehalter das Laufen an durchhängender Leine – egal, wo der Hund sich befindet. Diese Belohnung kann darin bestehen, dass weiter gegangen wird (das wäre eine Umweltbelohnung), der Hund gelobt wird oder dass er eine Futterbelohnung bekommt. Andere belohnenswerte Verhaltensweisen in dieser Situation sind das Anschauen des Menschen oder das zufällige Gehen an der Seite des Menschen.

„Alles Gute beginnt im Liegen"

Aktivitäten, die Ihr Hund mag, können Sie als Belohnung einsetzen. Sicher haben Sie solche Aktivitäten auf Ihrer „Belohnungsliste" stehen! Dazu kann zum Beispiel gehören: der Aufbruch zum Spaziergang, das Hinauslassen in den Garten, der Beginn der Essenszubereitung und Ähnliches, aber auch Aktivitätswechsel des Menschen (Aufstehen vom Schreibtisch, Wechsel des Zimmers). Nehmen Sie sich vor, möglichst oft genau dann mit solchen Dingen zu beginnen, wenn Ihr Hund gerade liegt. Natürlich sollen Sie ihn nicht jedes Mal stören, wenn er sich gerade hingelegt hat! Wann immer Sie jedoch die Wahl haben, sofort zu starten oder noch ein paar Minuten zu warten, sollten Sie versuchen, einen ruhigen Moment abzupassen.

Ein Beispiel macht dies anschaulicher: Während ich gerade schreibe, liegen meine Hunde Räuber und Liesel zu meinen Füßen und schlafen. Vor einer Viertelstunde wurde Liesel wach, streckte sich mit einem Winsellaut – und machte einen Streifzug durch das Büro. Ich begann zu überlegen, ob ich sie vielleicht in den Garten hinauslassen solle, der an mein Büro grenzt. Damit hätte ich jedoch Aktivität belohnt. Da es sich um keinen Notfall handelte, beschloss ich, sie zu ignorieren, darauf zu warten, dass sie sich wieder hinlegt, und einen späteren Moment der Ruhe zu nutzen, um beide Hunde hinauszulassen.

ENTSPANNUNG KANN MAN TRAINIEREN!

Entspannung fühlt sich gut an! Das Gefühl, das Sie und auch Ihr Hund empfinden, wenn Sie sich entspannen, wirkt belohnend. Diesen Effekt können Sie nutzen:

Picknick-Übungen

Diese Übungen schulen den Hund darin, von selbst zur Ruhe zu kommen. Dies ist in allen Situationen nützlich, in denen er warten soll oder in denen er nicht weiß, was er tun kann. Mit Hilfe der Picknick-Übungen lernt er, sich dann hinzusetzen oder hinzulegen, statt unruhig zu werden. Nehmen Sie sich dazu jeweils ein paar Minuten Zeit. Schaffen Sie zunächst eine Situation mit entspannter Stimmung.

Ihre eigene Körperhaltung und Ihre Bewegungen sollten Gelassenheit ausstrahlen. Die Wahrscheinlichkeit, dass Ihr Hund sich legt, sollte hoch sein. Überlegen Sie vorher, ob Sie Ihren Hund dazu anleinen oder sogar anbinden wollen, um zu vermeiden, dass er sich eine andere Beschäftigung sucht.

Halten Sie Futter bereit und warten Sie. Setzt er sich oder legt er sich hin, dann belohnen Sie ihn. Wenn er während der Belohnung sitzen (oder liegen) bleibt, reichen Sie ihm mehrere Futterbröckchen nacheinander. Verharrt er immer noch in der Position? Dann dürfen Sie ihm weitere Leckerchen geben. Danach lassen Sie ihn aufstehen und warten auf das nächste Hinsetzen/ Hinlegen. Setzt oder legt er sich bereitwillig hin? Dann „arbeiten" Sie am Liegen- oder Sitzenbleiben: belohnen Sie immer wieder und mit langsam steigenden Zeitabständen, so lange er die Position hält. Es ist nicht schlimm, wenn er aufsteht – er erhält nur keine Futterbelohnung mehr. Sobald Ihr Hund dieses Training routiniert beherrscht, wechseln Sie die Umgebung. Üben Sie in verschiedenen Umgebungen, auch auf dem Spaziergang.

Übrigens: Hinlegen ist noch besser als Hinsetzen, weil es die Entspannung des Hundes noch wahrscheinlicher macht. Überlegen Sie daher, ob Ihr Hund in der Lage ist, dies zu erlernen! Wie erreichen Sie, dass Ihr Hund sich unaufgefordert hinlegt, wenn er bis jetzt das „Hinsetzen" gelernt hat?

Hat Ihr Hund bisher das Sitzen angeboten, dann belohnen Sie es im Rahmen der Picknick-Übungen ruhig noch ein Mal. Setzt er sich dann wieder, warten Sie ein paar Sekunden, ob er sich zum Hinlegen entschließt. Bei „normalen" Hunden könnte man nun beginnen, jede Bewegung in Richtung Hinlegen zu belohnen oder einfach auf das Hinlegen zu warten. Diese Wartezeit bringt viele hyperaktive Hunde in zu große Konflikte. Deswegen bedienen Sie sich eines anderen „Tricks": Halten Sie einen ganzen Tag lang Futter bereit und belohnen Sie Ihren Hund, wann immer er sich hinlegt. Merken Sie, dass er sich häufiger legt? Dann wiederholen Sie die Picknick-Übungen. Nun ist die Wahrscheinlichkeit höher, dass ihm das Hinlegen „einfällt".

Hunden mit geringer Frustrationstoleranz fallen Picknick-Übungen manchmal recht schwer. Verschieben Sie diese Übungen dann auf einen späteren Zeitpunkt und gewöhnen Sie sich an, zufälliges Hinsetzen oder Hinlegen im Alltag immer zu bestätigen (mit Zuwendung, Lob oder gelegentlich mit einem Leckerli).

Entspannende Rituale
Alle Hunde zeigen irgendwann einmal Anzeichen von Entspannung. Die meisten legen sich zum Schlafen hin, einige besonders unruhige Hunde dösen jedoch nur im Sitzen.

Beobachten Sie einmal, wann und wo Ihr Hund sich zur Ruhe begibt: Zu welcher Uhrzeit? An einem

Viele Hunde liegen gerne in einem Körbchen in der Nähe des Schreibtisches.

Fast schon Magie: der gezielte Einsatz von Stimmungsübertragung

Stimmungsübertragung, also das Übertragen einer Stimmung von einer Person zur nächsten, wirkt bei vielen Hunden ausgesprochen stark! Sie erkennen unsere Stimmung an so winzigen Anzeichen wie Muskelspannung, Atemtiefe und -geschwindigkeit. Manche Hunde erkennen jede kleine Stimmungsänderung ihres Menschen und reagieren darauf; und das kann gezielt zu unserem Vorteil eingesetzt werden.

bestimmten Ort? Auf bestimmten Liegeflächen (hart, weich, warm, kühl, offene Flächen oder eine Höhle oder in Ihrer Nähe)? Nach einer bestimmten Tätigkeit (z.B. nach dem Kauen, Fressen oder Spazierengehen)? Unter bestimmten äußeren Umständen, zum Beispiel wenn es sehr ruhig ist, wenn Sie in der Küche oder am Schreibtisch arbeiten oder den Fernseher anstellen? Machen Sie eine Liste aller Situationen, in denen Ihr Hund ruhiger wird oder sich entspannt.

Wenn Sie solche Situationen beobachten, dann können Sie Ihrem Hund helfen, sich häufiger und schneller zu entspannen. Bieten Sie ihm regelmäßig diese Beschäftigungen an oder stellen Sie die Umstände her, die seine Entspannung fördern. Am besten binden Sie diese Dinge in ein Ritual ein. Ein solches Ritual könnte zum Beispiel so aussehen: Sie geben Ihrem Hund etwas zu kauen und lassen sich immer auf dieselbe Weise im Fernsehsessel nieder. Wenn Ihr Hund an dem immer gleichen Ablauf der Ereignisse und Ihrer Tätigkeiten erkennen kann, was bevorsteht, dann wird er immer schneller zur Ruhe kommen – und kann immer tiefer entspannen. Dadurch wird er erleben, wie schön das ist.

Diesen Effekt kann jeder Verhaltenstherapeut bei Hausbesuchen beobachten: Gerade Hunde, die mit Besuchern Schwierigkeiten haben, reagieren deutlich auf Muskelspannung und Gesichtsausdruck. Bleibt der Besucher locker und freundlich, kann der Hund viel eher ebenfalls freundlich und gelassen bleiben. Wird die Körpersprache des Menschen angespannter, kann er dies sofort im Verhalten des Hundes „gespiegelt" sehen.

Probieren Sie es aus, wenn Sie mit Ihrem Hund zusammen sind! Verhalten Sie sich so gelassen und entspannt wie möglich:
- Atmen Sie langsam und tief.
- Bewegen Sie den Unterkiefer hin und her, um die Kiefermuskulatur zu lockern.

- Lassen Sie die Gesichtsmuskulatur locker hängen: Die Lippen sind leicht geöffnet oder liegen lose aufeinander, die Augen sind nicht rund und groß, sondern durch lose hängende Lider leicht verkleinert.
- Lockern Sie die Schulter- und Nackenmuskulatur so weit wie möglich.
- Lassen Sie die Arme locker hängen.
- Bewegen Sie sich locker und langsam.
- Wenn Sie sitzen, lassen Sie sich so richtig hängen.
- Vielleicht stellen Sie sich vor, Sie bewegten sich entspannt und etwas schläfrig durch Ihr Schlafzimmer.
- Achten Sie auf einen freundlichen Gesichtsausdruck.

Probieren Sie diese Vorschläge in ungestörten Situationen aus, in denen die Wahrscheinlichkeit recht hoch ist, dass Ihr Hund sich beruhigen kann. In „Langeweilespielen" wird diese entspannende Stimmungsübertragung gezielt eingesetzt: Machen Sie es sich in Sichtweite Ihres Hundes bequem. Setzen Sie sich betont lässig hin, eventuell sogar auf den Boden. Lassen Sie nun alle Gliedmaßen und den Kopf hängen. Fallen Sie in sich zusammen, bzw. in Ihre Sitzgelegenheit hinein. Ihre Muskeln an Körper und Gesicht sollten so richtig schlaff werden – und Ihr Gesichtsausdruck zufriedene Entspannung ausstrahlen. Kurz gesagt: Hängen Sie auf Ihrem Stuhl oder auf dem Fußboden herum – so wie Sie sich niemals in der Öffentlichkeit sehen lassen würden. Auf manche Hunde wirkt dieses „Spiel" ausgesprochen ansteckend. Binnen kurzer Zeit lassen sie sich ebenfalls nieder und entspannen sich.

Wenn dieses „Spiel" bei Ihrem Hund gut funktioniert (und wenn Sie sich trauen), dann wenden Sie es doch an, wenn Sie schnelle Entspannung brauchen, zum Beispiel nach dem Heimkommen vom Spaziergang, beim Besuch bei Freunden, oder wenn Sie sich mit Ihrem Hund zum ersten Mal auf ein Seminar wagen!

Auch hier hilft Üben: Nach und nach wissen Sie immer besser, was Sie zu tun haben, und Ihr Hund übernimmt Ihre Stimmung immer schneller.

Cowboy-Spiele

Diesen Trick der entspannten Stimmungsübertragung können Sie auch auf dem Spaziergang oder in Alltagssituationen nutzen. Beobachten Sie sich, wenn Sie mit Ihrem Hund zusammen sind, und korrigieren Sie sich immer wieder in Richtung Gelassenheit. Manchen Menschen hilft es, sich jemanden vorzustellen, der richtig „cool" ist – so wie ein Cowboy in einem alten Western. Vielleicht hilft es Ihnen auch, sich vorzustellen, Sie seien der Leiter einer Arktis-Expedition! Sie wissen um die Widrigkeiten und Gefahren der Arktis, aber Sie achten sorgfältig darauf, dass die anderen Expeditionsteilnehmer von Ihren Sorgen nichts merken. Der Leiter bleibt immer freundlich, selbstsicher und gelassen, egal was passiert!

Entspannungssignale

Können Sie für Ihren Hund vorhersagen, wann er sich entspannen wird? Wissen Sie zum Beispiel, dass er nachts tief schläft oder sich zu bestimmten Zeiten tagsüber hinlegt? Solche Gelegenheiten können Sie nutzen, um sie mit einem Entspannungssignal zu verknüpfen.

Mögliche Entspannungssignale sind:
- ein bestimmtes Wort (z.B. „Ruuuhe" oder „Alles gut")
- ein Halstuch
- ein Handtuch
- eine Liegedecke
- ein Geruch (z.B. Lavendel)
- Berührungen

Hat Ihr Hund sie erlernt, können diese Signale gezielt eingesetzt werden, wann immer Sie Ihrem Hund zu etwas mehr Ruhe verhelfen wollen. Gerüche und Entspannungsworte können zum Beispiel beim Autofahren verwendet werden. Decke, Handtuch und Halstuch können mitgenommen werden, wenn Sie in den Urlaub fahren oder wenn Sie Ihren Hund mit zu Freunden nehmen und ihm helfen wollen, ruhig zu liegen. Muss Ihr Hund irgendwo warten, dann können Sie Berührungen einsetzen. Sicher fallen Ihnen noch weitere Situationen ein, in denen Sie Ihre Entspannungssignale nutzen können!

Aufbau eines Entspannungswortes

Sagen Sie das Entspannungswort immer dann, wenn Ihr Hund dabei ist, sich tief zu entspannen (z.B. bei einer Massage), oder wenn er bereits entspannt da liegt. Wenn möglich sagen Sie es, während er ausatmet. Sie können es ruhig mehrere Male sagen. Nehmen Sie sich vor, drei Wochen lang möglichst häufig Entspannungsphasen mit diesem Wort zu kombinieren. Vermutlich werden Sie dann erleben, dass Ihr Hund auf das Wort reagiert: ihm fallen die Augen zu, er seufzt oder lässt den Kopf sinken. Nun können Sie beginnen, weitere Situationen zu suchen, in denen Sie das Wort einüben können. Dies dürfen aber zunächst keine aufregenden Abenteuer sein. Besser sind Zeiten, in denen Ihr Hund sich relativ ruhig verhält. Sagen Sie es zum Beispiel, während Ihr Hund ruhig liegt, aber den Kopf noch erhoben hat. Beobachten Sie, ob Sie Veränderungen (z.B. Ablegen des Kopfes, Seufzen, Augen schließen) bemerken. Fahren Sie fort, Ihr Wort in Situationen mit tiefer Entspannung einzuüben, und tasten Sie sich parallel dazu an immer mehr Situationen heran! Auf diese Weise werden Sie nach und nach Ihr Entspannungswort immer weiter generalisieren.

Übrigens: Wenn Sie das Wort in aufregenden Situationen benutzt haben und er daraufhin nicht zur Ruhe kam, dann sollten Sie es sicherheitshalber „aufladen": Sagen Sie es wieder ein paar Mal, wenn Ihr Hund sich in sicherer Umgebung tief entspannt.

Der Einsatz eines Halstuches

Auch ein ganz normales Halstuch kann zum Entspannungshelfer werden: Ihr Hund kann es tragen, wenn er schläft, oder zu Zeiten, in denen er sehr entspannt ist. So entsteht eine Verknüpfung zwischen dem Tragen des Halstuches und der Entspannung. Wenn Sie das Halstuch sorgfältig generalisieren und immer wieder aufladen (indem Ihr Hund es in entspannten Zeiten trägt), dann ist es in vielerlei Situationen einsetzbar.

Der Handtuchtrick

Kaufen Sie ein Handtuch, das farblich gut zu Ihrem Hund passt (oder nehmen Sie ein blaues, denn Hunde sehen Blau besonders gut). Waschen Sie es und legen Sie es ihm dann ausgebreitet dorthin, wo er sich am besten entspannt: zum Beispiel auf den Platz, auf dem er richtig tief schläft. Wenn Ihr Hund manchmal Mühe hat, zur Ruhe zu kommen, dann wählen Sie den Platz, auf dem ihm das am schnellsten gelingt.

Dieser Trick bewirkt Folgendes: Ihr Hund wird Entspannung mit diesem Tuch verknüpfen. Denken Sie an das Generalisieren und das gelegentliche „Aufladen". Nach einigen Wochen kann das Handtuch Ihrem Hund helfen, im Auto oder in anderen Wartesituationen zu entspannen.

Dieser junge Rottweiler hat gelernt, sich auf einer blauen Decke zu entspannen.

Der Einsatz eines Geruchs

Kennen Sie folgendes Erlebnis? Sie nehmen einen bestimmten Geruch wahr – und plötzlich erwachen angenehme Gefühle und Erinnerungen. Manche Leute reagieren auf den salzigen Geruch von Meerwasser, andere auf Bauernhofluft – und wieder andere auf bestimmte Küchengerüche. Irgendwann haben sie sich wohl gefühlt und gleichzeitig diesen Geruch wahrgenommen. So wurde beides miteinander verknüpft! Genauso klappt dies bei Hunden: Wenn Ihr entspannt ruhender Hund einen bestimmten Geruch wahrnimmt, wird er diesen mit seinem entspannten Zustand verknüpfen. Bieten Sie ihm diesen Geruch immer wieder an – so kann eine feste Verknüpfung entstehen. Am besten eignen sich aromatherapeutisch bewährte Gerüche wie Lavendel oder Kamille. Verwenden Sie aber keine Zitrusgerüche, denn die meisten Hunde mögen diese nicht – und außerdem wirken sie anregend.

Welchen Geruch Sie auch anbieten: Ihr Hund sollte bei den ersten Malen die Möglichkeit haben, das Zimmer zu verlassen, denn es könnte ja sein, dass der Geruch ihm unangenehm ist. Am besten Sie testen dies, indem Sie ein Tüchlein mit einem Geruchstropfen in einem Zimmer auslegen, in dem sich weder Futter, Wasser noch der Rückzugsort des Hundes befinden – und das gut zu lüften ist!

Nutzen bestimmter Berührungen

Wie entspannend streichelnde Berührungen sein können, wissen Sie sicher aus eigener Erfahrung. Auch wenn dies für viele hyperaktive Hunde unmöglich erscheinen mag, der Einsatz solcher Streicheleinheiten kann auch ihnen helfen. Mit Hilfe der „Kuscheltherapie" (s.u.) können Sie herausfinden, welche Berührungen Ihr Hund besonders mag – und Ihr Hund kann lernen, diese zu genießen und sich dabei zu entspannen. Dies kann zum Beispiel die Massage des Ohrgrundes sein oder das Kratzen mit einem Finger am Hals Ihres Hundes. Um Berührungen gezielt einsetzen zu können, machen Sie ein kleines Ritual daraus: Kündigen Sie die Berührung an (z.B. mit dem Signal „Streicheln") und beginnen Sie die Berührung immer an derselben Stelle. Hat Ihr Hund gelernt, diese Berührungen zu lieben, dann setzen Sie diese ein, um ihm durch schwierige Situationen zu helfen. „Kuscheltherapie" ist so wichtig, dass diesem Thema ein eigener Abschnitt gewidmet wird.

Die Liegedecke

Sobald Ihr Hund in der Lage ist, sich auf Signal hinzulegen und liegen zu bleiben, wenn Sie ihn immer weiter füttern, können Sie beginnen, eine Liegedecke aufzubauen. Lassen Sie Ihren Hund zunächst auf der Decke nach Futter suchen. Achten Sie darauf, dass er die Decke nicht selbständig verlässt: Rufen Sie ihn von der Decke, sobald er aufgefressen hat. Belohnen Sie ihn jedoch nicht, denn Ihr Hund soll lernen, dass es auf der Decke schön und das Verlassen der Decke weniger schön ist. Dann lassen Sie ihn auf der Decke „Platz" machen und füttern ihn im Liegen so oft wie notwendig. Rufen Sie ihn von der Decke, solange er noch Freude daran hat, auf ihr zu liegen. Beenden Sie die Übung und räumen Sie die Decke weg. Üben Sie täglich und vergrößern Sie allmählich die Zeitabstände zwischen den Leckerchengaben. Manche Hunde beginnen nun auszuprobieren: Sie bieten im

Liegen verschiedene Verhaltensweisen und Laute an, in der Hoffnung das nächste Futterstück zu bekommen. Wenn Ihr Hund dies macht, warten Sie immer darauf, dass er kurz still hält, bevor Sie ihn belohnen. Belohnen Sie außerdem etwas häufiger und steigern Sie die Anforderungen langsamer. Wenn der Zeitabstand zwischen zwei Leckerchengaben 30 Sekunden betragen kann, ohne dass Ihr Hund aufgeregt wird oder aufspringt, dann geben Sie ihm auf der Decke etwas zu kauen. Er soll dies im Liegen fressen. Experimentieren Sie: Geben Sie ihm kleine Stücke und loben Sie ihn, wenn er sie liegend verzehrt. Bei manchen Hunden ist es möglich, ein größeres Stück zu geben und es am Boden festzuhalten oder wegzunehmen, wenn der Hund aufstehen sollte (und ihn noch einmal zum Liegen aufzufordern). Fahren Sie mit dieser Ruheübung fort (mal mit Leckerli-Belohnung, mal mit „Kauzeug"), bis Ihr Hund gelernt hat, ruhig zu liegen. Üben Sie dann in verschiedenen Umgebungen. Genießt Ihr Hund Streicheleinheiten oder kann er sich bei „Langeweilespielen" entspannen? Dann kombinieren Sie diese mit der Liegedecke: Üben Sie zunächst „Platz" und gehen dann zum Streicheln oder „Langeweilespielen" über.

Dies kann zum Beispiel im Training notwendig sein: Wenn hyperaktive Hunde ins Training einsteigen, also mit Gehorsamsübungen, Körperarbeit oder Fokus-Übungen beginnen, benötigen sie häufig schon nach einer sehr kurzen Zeit eine Pause! Die Ungewohntheit der Übungen wirkt zunächst so stimulierend, dass bereits nach kurzem Üben unterbrochen werden und ein Ventil angeboten werden muss.

Die Box – Management und Entspannung

In ganz ähnlicher Weise kann Ihr Hund eine Box als Entspannungsort kennen lernen. Er wird an den Aufenthalt gewöhnt und lernt nach und nach zu akzeptieren, dass die Tür geschlossen wird.

Die Vorteile einer Box gegenüber der Liegedecke sind, dass der Hund aufstehen und sich herumdrehen darf und dass er sie nicht selbständig verlassen kann. Manche Hunde haben zunächst Schwierigkeiten, dies zu akzeptieren, andere entspannen sich gerade deswegen besonders schnell.

Die Box hilft außerdem beim Management des Hundes: Er kann sich dort aufhalten, wenn er einmal nicht „im Weg sein" darf. Aber Vorsicht! Es ist einfach, die Box als „Abstellkammer" zu missbrauchen. Sie sollte nur in Ausnahmefällen in Ihrer Abwesenheit gebraucht werden. Viele Hunde können nach ausreichender Gewöhnung ein oder zwei Stunden in der Box verbringen. Es kann jedoch sein, dass Ihr Hund sehr davon profitiert, hin und wieder kürzere Zeit (z.B. zehn Minuten) darin zu ruhen, längere Zeiten aber zu frustrierend und damit Stress auslösend sind. Mehr zum Boxentraining lesen Sie in Anhang B.

Ventil bieten

Hunden, die sehr aufgeregt sind oder noch nicht gelernt haben, sich schnell zu entspannen, hilft eine Beschäftigung, um sich abzureagieren. Ihr Bewegungsdrang braucht ein „Ventil".

Als Ventil eignen sich alle Beschäftigungen, die verlangsamend wirken, zum Beispiel Kauen, langsames Spazierengehen mit viel Schnuppern am Wegrand oder eine Futtersuche im Gras. Manchen Hunden hilft es am meisten, wenn ihnen zunächst schnelle Bewegungen (z.B. Rennen oder Spiel) geboten werden, und dann zu langsamen Beschäftigungen übergegangen wird. Schnelle Bewegungen wirken jedoch nur dann als Ventil, wenn sie nicht zusätzliche Stimulation von außen erfahren (z.B. durch häufig wiederholte Wurfspiele oder wildes Spiel mit Artgenossen) oder selbst Stimulation beinhalten. Beispielsweise finden manche Hunde Rennen sehr stimulierend. Dies ist deutlich daran zu erkennen, dass bei ihnen das Rennen immer schneller und aufgeregter wird. Das Ziel aller Ventile ist, den Übergang zu ruhigerem Verhalten zu ermöglichen. Am besten bieten Sie das Ventil für ein paar Minuten an und wechseln dann zu einer langsamen Beschäftigung (z.B. Futtersuche oder Kauen).

„KUSCHELTHERAPIE": BERÜHRUNGEN UND MASSAGEN

Langsame Massagen wirken beruhigend auf Hunde und fördern ihre Körperwahrnehmung. Außerdem stärken sie die Bindung zum streichelnden Men-

schen. Eine gute Körperwahrnehmung macht Ihren Hund weniger verletzungsanfällig und verbessert seine Fähigkeiten bei der Körperarbeit (siehe unten). Zur „Kuscheltherapie" können Sie Massagegriffe aus der Physiotherapie oder „Tellington Touches" verwenden. Auch Kraulen oder Streicheln eignen sich gut. Ganz wichtig ist jedoch: Finden Sie heraus, was Ihr Hund am liebsten mag! Wenn Sie regelmäßig massieren, werden Sie bemerken, dass Ihr Hund sich immer schneller entspannt und immer mehr verschiedene Berührungen zulässt. Folgende Tipps helfen Ihnen, die richtige Berührung zu finden:

- Vermeiden Sie plötzliche Berührungen und ein Greifen von oben. Stattdessen sprechen Sie Ihren Hund an und sagen ihm ein Streichelsignal (z.B. „Streicheln"). Berühren Sie ihn dann seitlich. Wenn Sie das Streichelsignal regelmäßig anwenden, wird Ihr Hund lernen, was es bedeutet.
- Berühren Sie Ihren Hund nicht zu vorsichtig! Es soll für ihn sofort klar zu fühlen sein, wo er gestreichelt wird. Außerdem sind viele Hunde – ebenso wie wir Menschen – kitzelig, wenn die Berührung zu zaghaft ausgeführt wird.
- Folgende Orte sind bei vielen Hunden beliebt: das Kinn, die seitliche Halsmuskulatur, Schulter, Ohrwurzel. Manche Hunde bevorzugen Rutenansatz oder Oberschenkel. Probieren Sie vorsichtig aus und beobachten Sie, was Ihr Hund anbietet.
- Es ist erlaubt, den Hund kurz festzuhalten. Vielen Hunden hilft das Halten, zu entdecken, dass Massagen schön sind. Dies bedeutet jedoch nicht, dass Sie Ihren Hund gegen seinen Willen festhalten, wenn er dies gar nicht möchte!
- Manche Hunde können Sie mit Leckerchen aus der einen Hand ablenken. Dann haben Sie die andere Hand frei zum Streicheln.
- Viele hyperaktive Hunde akzeptieren Massagen oder andere Berührungen am besten, wenn der Druck (sehr) stark ist. Probieren Sie es aus: Beginnen Sie vorsichtig und steigern sich dann, kratzen oder kraulen Sie Ihren Hund dann so fest an der Schulter oder am Oberschenkel, dass Sie das nach kurzer Zeit anstrengend finden. Stellen Sie sich dabei vor, den Muskel zu massieren – und nicht die Haut. Dann machen Sie es richtig. Manchmal drückt sich der Hund vor Wohlbehagen gegen die Hand. Wenn Ihr Hund aber ausweicht oder weggehen möchte, hören Sie bitte sofort auf!
- Testen Sie, ob Ihr Hund es lieber mag, wenn Sie nur mit einem Finger kratzen, kraulen oder streicheln.
- Streicheln, also das Gleiten der Hand über das Fell, wird zu Anfang oft nicht akzeptiert, weil die Berührung zu diffus und daher nicht eindeutig genug ist. Kräftiges, langsames Kraulen auf großen Muskeln (z.B. Schulter oder Oberschenkel) ist besser! Hat Ihr Hund gelernt, Berührungen zu genießen, dann kön-

nen Sie zum Streicheln übergehen. Lange langsame Bewegungen mit dem Fellstrich wirken besonders entspannend.
- Manche Hunde lieben Gumminoppenbürsten (z.B. „ZoomGroom®"). Sie genießen es, kräftig damit massiert zu werden.
- Wenn unklar ist, ob Ihr Hund das Streicheln mag, dann nehmen Sie für kurze Zeit Ihre Hand weg. Reagiert Ihr Hund, indem er der Hand hinterherschaut oder sich ihr hinterherbewegt? Hält er Ihnen die gestreichelte Region entgegen? Dann möchte er, dass Sie weiter machen.

Jeder hyperaktive Hund sollte von Berührungen (Kontaktliegen, Massagen) profitieren können. Manchmal braucht es etwas Zeit und einiges Ausprobieren, bis ein Hund lernt, sie zu genießen. Bei manchen Hunden muss man mehrere Monate Geduld haben! Es ist aber auf jeden Fall empfehlenswert, darauf hinzuarbeiten. Bieten Sie die Berührungen einfach immer wieder an. Einige Tipps sind schon genannt worden, die Ihnen dabei helfen werden. Beobachten Sie außerdem, ob es Situationen gibt, in denen Ihr Hund Berührungen am ehesten erträgt: zum Beispiel in Begrüßungssituationen, wenn er sehr entspannt ist oder wenn er erhöht (z.B. auf einer offenen Treppe) steht. Bieten Sie dann die Berührung an, die er am ehesten erträgt, und hören Sie sofort wieder auf, noch bevor Ihr Hund weggehen kann. Mit der Zeit können Sie die Berührungsdauer verlängern. Als wichtige Regel gilt: Aufhören, wenn es noch schön ist!

Noch ein paar Extra-Tipps für Hunde, die sich gar nicht berühren lassen möchten: Lassen Sie tierärztlich abklären, ob schmerzhafte Prozesse vorliegen. Und denken Sie einmal selbstkritisch nach: Manche hyperaktive Hunde und ihre Menschen haben eine längere gemeinsame Leidensgeschichte hinter sich. Als Folge kann der Hund es nicht genießen, von seinem Menschen berührt zu werden. Wird er von anderen Personen gestreichelt, so kann er das noch am ehesten als angenehm empfinden. Gilt das auch für Ihren Hund? Dann freuen Sie sich darüber, dass er sich überhaupt streicheln lässt! Lassen Sie andere Leute herausfinden, was Ihr Hund mag. Und lassen Sie Ihren Hund durch diese Hilfspersonen herausfinden, dass Streicheln schön ist. Mit der Zeit werden Sie die Rolle des Streichelnden übernehmen können!

KÖRPERARBEIT

Kennen Sie das? Sie träumen ein paar Sekunden vor sich hin, plötzlich stolpern Sie – und sind schlagartig wieder wach und konzentriert. Das Gleichgewicht zu halten, aufrecht zu bleiben, nicht zu fallen – das ist so wichtig, dass alles andere verdrängt wird.

Diesen Effekt können Sie sich bei der Körperarbeit mit Ihrem Hund zu Nutze machen! Während Sie in unten beschriebener Weise Hindernisse mit ihm erarbeiten, werden Sie feststellen, dass er dabei

passt gesteigert werden. Übrigens können die ganz normalen Agility-Geräte dabei verwendet werden. Sie werden einfach in ganz langsamer Weise überwunden, statt in der gewohnten schnellen. Sie können aber auch kreativ werden: Mit Stangen, Brettern, Reifen und Leitern zum Beispiel kann man ganze Kletter-Parcours oder „Trümmerfelder" bauen. Die Bodenarbeit nach Linda Tellington-Jones und die verschiedenen Techniken der Hunde-Physiotherapie können Ihnen darüber hinaus Anregungen bieten.

langsamer und konzentrierter wird. Und das hilft nicht nur für den Augenblick, sondern auch auf lange Sicht, denn seine Fähigkeit zu fokussieren wird dabei trainiert.

Beim Stolpern werden der Gleichgewichtssinn und bestimmte Körpersinne in Gelenken und Muskulatur angesprochen, die dafür sorgen, dass wir aufrecht und ausbalanciert bleiben. Um dies nachzuahmen, werden bei der Körperarbeit Übungen durchgeführt, die dieselben Sinne fordern. Im Unterschied zum Stolpern passiert dabei jedoch nichts plötzlich oder hektisch. Zunächst ist diese Konzentrationsleistung anstrengend für Ihren Hund, weshalb Sie die Übungen nur wenige Minuten durchführen sollten. Nach und nach können Sie die Dauer und die Anforderungen dann langsam steigern.

Solche Körperarbeit kann sehr gut unter Anleitung auf dem Hundeplatz durchgeführt werden. Der Trainer oder die Trainerin kann dabei im Auge behalten, dass der Hund nicht aufgeregter wird und die Anforderungen vorsichtig und seinem Lerntempo ange-

Weitere Übungen zur Körperarbeit können sein:

Laufen durch tiefes Laub, Sand oder Schnee, über einen Acker oder durch hohes Gras

Dabei muss der Hund seine Beine hochheben, wodurch sein ganzer Körper im Einsatz ist. Kleine Unebenheiten im Boden fördern die Wahrnehmung in seinen Pfoten und bringen seinen ganzen Körper immer wieder ein klein wenig aus dem Gleichgewicht.

Klettern oder Bergauf- und Bergab-Laufen

Laufen auf steilen Hängen oder Klettern über kleinere Felsen fordern ebenfalls den ganzen Körper. Achten Sie dabei aber unbedingt darauf, Ihren Hund nicht zu überfordern oder in Gefahr zu bringen.

Balancieren auf Baumstämmen, Baumstümpfen, Mauern oder einem niedrigen Laufsteg

Hierbei werden das Gleichgewichtssystem und die Muskel- und Gelenksinne besonders gefordert. Überlegen Sie gut, was Ihr Hund leisten kann, ohne zu fallen oder sich weh zu tun, denn solche Erlebnisse würden seinen Erregungslevel sehr steigern! Ermuntern Sie Ihren Hund mit Futter, das Hindernis zu betreten. Am besten legen Sie das Futter dazu auf das Hindernis. So fällt es Ihrem Hund leichter, neben dem Futter auch das Hindernis wahrzunehmen. Außerdem ist es viel besser, den Kopf nach unten zu senken, als ihn hochzurecken. Streuen Sie Futterbröckchen über das Hindernis, so kann Ihr Hund sich darüber bewegen und diese einsammeln. Nach einigen Wiederholungen kann er sich immer besser darauf konzentrieren. Dann sollten Sie immer weniger Futter ausstreuen, so dass er intensiver danach suchen muss.

Achtung! Manche Hunde werden durch den Anblick von Futter vom Gerät abgelenkt und stolpern oder fallen dann viel eher. Wenn Sie mit einem solchen Hund arbeiten, verwenden Sie weniger schmackhaftes Futter, reduzieren Sie die Menge und Häufigkeit der Futtergabe oder lassen Sie es ganz weg. Bieten Sie ihm außerdem Streicheleinheiten an, wenn er auf dem Hindernis steht. Mit etwas Glück findet sich dabei eine weitere Gelegenheit zur Entspannung! Einen fortgeschrittenen Kletterer können Sie durch vorsichtiges Schieben oder vorsichtiges Locken millimeterweise etwas aus dem Gleichgewicht bringen – aber nur so weit, dass er sich problemlos sofort wieder ausbalancieren kann. Loben Sie ihn, wenn er das ruhig erträgt!

Wippen oder Wackelbretter

Hunde, die gut balancieren können, dürfen dazu eingeladen werden, langsam auf eine Wippe oder ein Wackelbrett (ein rutschfestes Brett mit abgerundeten Kanten, welches auf einem Kissen oder einem halb aufgeblasenen Ball liegt) zu steigen. Zunächst sollte das Brett feststehen (z.B. indem Sie es festhalten, oder weil es noch auf einem festen Gegenstand liegt). Gelingt es Ihrem Hund gut, sich darauf zu halten, dann bringen Sie vorsichtig und kurzzeitig etwas Bewegung ins Spiel. Vermutlich ist dazu eine zweite Person erforderlich. Im Idealfall stellen Sie fest, dass Ihr Hund eine kleine Ausgleichbewegung macht, wenn Sie das Brett bewegen, indem er zum Beispiel seine Muskeln kurz anspannt oder sich in eine bestimmte Richtung lehnt. Loben Sie ihn dafür und wiederholen Sie diese Übung. Bleibt Ihr Hund ruhig, dann können Sie die Bewegung des Brettes langsam steigern!

Steigen über Hindernisse

Schnelles Springen über Hürden fordert Körper und Aufmerksamkeit nur für kurze Zeit und kann auch von unkonzentrierten Hunden ausgeführt werden. Außerdem wirkt es sehr stimulierend! Körpersinne und Gleichgewicht werden mehr gefordert, wenn Ihr Hund langsam Pfote für Pfote über eine Hürde steigt. Locken Sie ihn darüber, indem Sie Futter auf den Boden streuen oder die lockende Hand sehr tief halten. Denn auch bei dieser Übung gilt: Ein tiefer Kopf ist besser als ein hochgereckter. Langsames Steigen können Sie auch an einer Treppe üben oder an Stangen, die auf dem Boden oder schräg erhöht liegen.

Ruhige und kontrollierte Übungen auf Klettergeräten fördern Konzentration und Geschicklichkeit.

Laufen von engen Kurven

Der Agility-Slalom (oder ein ähnliches Hindernis) kann zu ruhigem Kurvenlaufen genutzt werden. Damit der Hund sich dabei langsam bewegt, streuen Sie Futterbröckchen auf den Boden. Beim Schlängeln verlagert der Hund immer wieder sein Gewicht und braucht dazu den Gleichgewichtssinn und seine Muskel- und Gelenksinne.

Schwimmen

Schwimmen bedeutet intensive Körperarbeit mit ausgeprägter Forderung des Gleichgewichtssinnes und aller Körpersinne.

Ein Beispiel aus der Praxis: Schnauzermix Knuddel besuchte den Hundeplatz, um Körperarbeit (siehe oben) zu üben. In der ungewohnten Umgebung war er zunächst so aufgeregt, dass wir ihm als Ventil erlaubten, frei zu rennen. Er rannte mehrere Minuten lang, bevor er bemerkte, dass seine Halterin und ich uns in langsamer Weise immer wieder von ihm weg bewegten. Kam er an uns vorbeigerannt, dann wandten wir uns wieder ab und gingen langsam in eine andere Richtung. Knuddel begann, seine Laufrichtung an unsere anzupassen und kam so nahe genug, dass wir ihm sein Markersignal und eine Futterbelohnung anbieten konnten. Das Futter streuten wir neben uns auf den Boden. So schafften wir den Übergang zu langsamen Beschäftigungen: Knuddel beruhigte sich und schloss sich uns an. Jetzt konnten wir zur Körperarbeit übergehen.

TRAINING, TRAINING, TRAINING – ABER WIE?

Hyperaktive Hunde sollten täglich Gehorsamsübungen trainieren. Dieses Training sollte ihren Besonderheiten angepasst werden (lesen Sie dazu Anhang C). Ein gut durchgeführtes Training fördert die Fähigkeit zu fokussieren, sich selbst zu bremsen (Impulskontrolle) und Frustration auszuhalten (weil die Belohnung nicht sofort kommt). Ausdauerübungen wie „Platz", „steh" oder „sitz", eventuell mit „bleib" und das „bei Fuß"-Gehen sind dabei besonders sinnvoll!

Weitere wichtige Signale für hyperaktive Hunde finden Sie in Anhang B.

INTEGRIERTER GEHORSAM ODER: „HUNDE BRAUCHEN REGELN"

Gehorsamsübungen, die als feste Regeln in den Alltag integriert werden, können Ihrem Hund außerordentlich effektiv helfen, seine Impulskontrolle und Frustrationstoleranz zu verbessern – und langfristig auch, seine Unruhe zu reduzieren. Eine solche Regel könnte zum Beispiel sein, an jeder Bordsteinkante kurz stehen zu bleiben und seinen Menschen anzuschauen. Andere Regeln fordern das Gehen neben dem Menschen auf bestimmten Strecken, ein „sitz" vor dem Ableinen oder das Anstupsen der Menschenhand, bevor die Tür zum Garten aufgeht. Dabei ist ganz klar: Solche Regeln müssen den Fähigkeiten von Hund und Mensch angepasst sein! Müssen Sie mehrere Minuten lang darauf bestehen, dass der Hund sich zum Beispiel setzt, bevor Sie den Futternapf auf den Boden stellen? Gibt es an jeder Bordsteinkante ein Riesengekläff, weil Ihr Hund nicht stehen bleiben mag? Dann sind diese Regeln zu schwer für Ihren Hund!

Geeignete Regeln für Ihren Hund finden Sie auf die folgende Weise:

1 Nehmen Sie Ihre Belohnungsliste zur Hand. Wählen Sie eine „Freude" aus, für die Ihr Hund etwas tun könnte. Vielleicht soll er kurz stehen bleiben, Sie anschauen, Ihre Hand anstupsen oder „sitz" machen? Suchen Sie eine Übung, die Ihr Hund mit sehr hoher Wahrscheinlichkeit und ohne Zögern ausführen kann! Wenn das gar nicht möglich ist, kombinieren Sie die Übung mit einer Leckerchengabe: Ihr Hund kann zum Beispiel ein Futterbröckchen am Boden suchen, bevor die Tür aufgeht. Dies wird seine Motivation verändern: Nach und nach wird er in dieser Situation Futter erwarten und kann dann etwas dafür tun (z.B. der Futterhand folgen oder „sitz" machen). Gelingt das routiniert, dann lassen Sie das Futter weg und geben Ihrem Hund seine „Freude" als Belohnung!

2 Nun soll Ihr Hund eine Woche lang JEDES MAL, bevor er seine „Freude" bekommt, diese Übung ausführen. Gelingt das? Dann machen Sie sie zur festen Regel: Ab jetzt muss er IMMER vor der „Freude" diese Übung ausführen.

3 Nehmen Sie Ihre Belohnungsliste zur Hand und wählen Sie eine weitere Situation aus, in der Sie eine neue Regel etablieren können.

Sie sollten schließlich 5 bis 15 Regeln im Tagesverlauf eingebaut haben. Klingt das anstrengend? Das ist es gar nicht – Sie werden merken, wie schnell Ihnen diese Regeln zur Routine werden!

Noch ein paar Tipps:
- Im Idealfall lernt Ihr Hund mit der Zeit, die Situation zu erkennen und das antrainierte Verhalten von sich aus anzubieten. So könnte er sich zum Beispiel bereits hinsetzen, wenn Sie beide auf die Haustür losgehen, oder er bleibt von selbst stehen, wenn er eine Bordsteinkante erreicht. Wenn Sie eine Regel bereits eine Zeit lang durchführen, testen Sie mal: Lassen Sie Ihr Signal weg und warten Sie einfach! Geben Sie Ihrem Hund sofort seine „Freude", wenn er das erwartete Verhalten selbständig zeigt – und gratulieren Sie sich! Ihr Hund hat gelernt, sich selbst zu bremsen!
- Wenn Sie mit einfachen Regeln wie „Stehenbleiben", „Halter anschauen" oder „Futtersuchen" beginnen, dann können Sie diese später weiter ausbauen. Ist Ihr Hund im Training weit genug fortgeschritten, können Sie ein „sitz" oder „Platz" fordern.

- Auch die Zeitdauer der Übung und der Ablenkungsgrad (z.B. wie weit Sie die Türe vor dem sitzenden Hund öffnen) können nach und nach gesteigert werden.
- Vermutlich wird es ab und zu so sein, dass gar nichts mehr klappt. Ihr Hund scheint nicht mehr in der Lage zu sein, die einfachsten Regeln einzuhalten. Bleiben Sie dann geduldig. Warten Sie zunächst ab, ob das erwünschte Verhalten doch noch auftritt. Wenn nicht, helfen Sie ihm in solchen Situationen, die erwünschte Übung durchzuführen (z.B. durch Gabe eines Signals oder durch Locken). Überlegen Sie außerdem, woran es liegen könnte, dass Ihr Hund nicht mehr mitmacht. Hat er eine unangenehme Erfahrung mit der Situation gemacht oder kann es sein, dass er unbeabsichtigt etwas Neues gelernt hat? Wenn zum Beispiel einmal die Tür aufging, als er sich gerade aus dem „sitz" erhob, kann es sein, dass er bei den nachfolgenden Gelegenheiten wieder und wieder das Aufstehen „anbietet" – und seine Menschen wundern sich... Wenn seine Lebensumstände gerade besonders stressig sind

(z.B. bei einer Erkrankung Ihres Hundes), dann ist er möglicherweise vorübergehend nicht in der Lage, schwierige Regeln einzuhalten. Verändern Sie in solchen Fällen Ihre Regeln: Verlangen Sie ein einfacheres Verhalten oder lassen Sie eine Regel vorübergehend weg – bis das Leben Ihres Hundes wieder in ruhigeren Bahnen verläuft und Sie die alten Regeln wieder einführen können!

FOKUS-ÜBUNGEN

Diese Übungen schulen Ihren Hund darin, seine Aufmerksamkeit auf eine bestimmte Sache zu richten. Es wird sozusagen sein „Konzentrationsmuskel" trainiert. Genau wie ein Muskel durch gezielte Maßnahmen immer stärker und stärker wird, kann der hyperaktive Hund seine Fähigkeit zur Konzentration üben, üben und üben. Alle Übungen, bei denen Ihr Hund seine Sinne auf ein Ziel richten muss, um zum Erfolg zu kommen, sind Fokus-Übungen. Auch Kauen auf Schweineohren oder gefüllten Spielzeugen gehören dazu, wenn Ihr Hund sich ganz auf diese Sache konzentrieren kann und dabei nicht aufgeregter wird! Sie können mit kleinen und weichen Kauartikeln anfangen. Geübte „Kauer" können auf härtere und größere Kauartikel umsteigen, die eine längere Konzentration erfordern. Für noch fortgeschrittenere Hunde können die Kauartikel in der Wohnung versteckt oder in Papier oder Kartons verpackt werden.

Im Folgenden werden weitere Übungen vorgestellt, die den „Fokusmuskel" Ihres Hundes sehr gezielt stärken. Einige von ihnen haben gleichzeitig großen Nutzen für den Alltagsgehorsam Ihres Hundes und für alle gilt: Beginnen Sie mit ganz einfachen Übungen und sehr kurzer Dauer und steigern Sie die Anforderungen sehr langsam. Bereits die Durchführung auf ganz niedrigem Leistungsniveau fordert (und fördert!) die Leistungsfähigkeit Ihres Hundes!

Fokussierungsübungen wirken nur dann, wenn der Hund sie nicht unterbricht, um woanders hinzuschauen oder etwas anderes zu tun. Solche Unterbrechungen verhindern Sie, indem Sie die Übungen sehr einfach und wirklich kurz halten und die Anforderungen ganz langsam steigern.

Es ist hilfreich, den Anfang und das Ende der Übungen sehr deutlich zu machen. Wählen Sie ein bestimmtes Wort, das den Beginn der Übung benennt, und beenden Sie die Übung immer mit einem Freigabesignal (z.B. „o.k.", „fertig" oder „Das war's").

Wählen Sie das richtige Leckerchen! Je höher die emotionale Bedeutung des Lockmittels und der Belohnung für den Hund ist, desto leichter fällt es ihm sich zu konzentrieren. Zu gut darf es jedoch auch nicht sein: Vermeiden Sie Belohnungen, die Ihren Hund vor Begeisterung ganz zappelig machen!

Üben Sie unbedingt in ablenkungsarmer Umgebung! Nach und nach können Sie die Übungen in immer schwierigere Umgebungen mitnehmen. Eine bewährte Fokus-Übung kann Ihrem Hund in schwierigen Situationen sogar helfen, mit Ihnen zusammenzuarbeiten: Wenn Sie bemerken, dass er zwischen all den Reizen hin- und hergerissen ist, dann lassen Sie ihn seine Lieblings-Fokus-Übungen machen (z.B. Futtersuche am Boden oder Fokusgehen). Danach ist er eher in der Lage, andere Übungen durchzuführen.

Futtersuche am Boden

Testen Sie zunächst, was Ihrem Hund leichter fällt und was ihm eher zu ruhiger Konzentration verhilft: Ein einziges Leckerchen am Boden zu suchen oder eine ganze Hand voll?

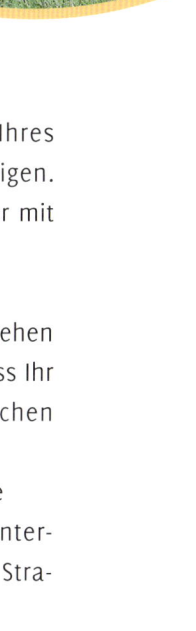

Egal, welche Variante Sie wählen, Ihr Hund sollte sehr schnell fündig werden. Fordern Sie Ihren Hund dabei immer mit einem bestimmten Signal (z.B. „Such Futter") zum Suchen auf.

Richten Sie zunächst die Aufmerksamkeit Ihres Hundes auf das Futter, indem Sie es ihm zeigen. Lassen Sie es dann so zu Boden fallen, dass er mit der Nase oder mit den Augen gut folgen kann.

Wiederholen Sie diese Übung mehrfach und gehen Sie dabei immer ein paar Schritte weiter, so dass Ihr Hund jedes Mal an einer anderen Stelle suchen muss.

Variieren Sie den Schwierigkeitsgrad, indem Sie
- die Futterstückchen auf einen anderen Untergrund (Teppich mit oder ohne Musterung, Straßenpflaster, Gras, Kies...) streuen,
- die Futterstückchen etwas weiter entfernt von seiner Nase fallen lassen, so dass er etwas länger suchen muss,
- mehrere Futterstückchen mit etwas größerem Abstand ausstreuen.

Auf diese Weise können Sie die Zeitdauer, die Ihr Hund mit Suchen beschäftigt ist, allmählich steigern. Aber Achtung: Diese Fokussierungsübung wirkt nur dann, wenn Ihr Hund das Suchen nicht unterbricht!

grad der Übungen kann gesteigert werden, indem die Zeitdauer bis zur nächsten Belohnung verlängert wird oder Kurven oder Hindernisse eingebaut werden. Target-Übungen können für hyperaktive Hunde eine große Herausforderung darstellen. Wenn Ihr Hund damit Schwierigkeiten hat, dann beginnen Sie mit der Targethand (s.u.) und steigen Sie erst später auf andere Targets um.

Die Targethand

Alle Hunde sollten lernen, der Hand des Menschen zu folgen, denn so kann man sie zum Beispiel gezielt mit einer Handbewegung von einem Ort zum anderen führen. Es gibt verschiedene Techniken, die Targethand zu erlernen. Für hyperaktive Hunde eignet sich am häufigsten die folgende Methode: Wählen Sie zunächst eine bestimmte Handhaltung. Sie können die flache Hand verwenden und ein Leckerchen mit dem Daumen auf der Handfläche festhalten. Oder Sie halten das Futter in der Faust und strecken nur ein oder zwei Finger als Zeiger hinaus. Lassen Sie Ihren

Alle Suchspiele

Ist Ihr Hund in der Lage, andere Dinge als Futter zu suchen? Alle Suchspiele sind Fokussierungsübungen, also auch die Futterbeutelsuche oder die Suche nach Spielzeug oder Menschen, wie zum Beispiel beim Man-Trailing. Beobachten Sie Ihren Hund dabei! Wenn er während der Arbeit in große Aufregung gerät, dann wählen Sie lieber eine andere Fokussierungsübung.

Manche hyperaktiven Hunde fokussieren beim Suchen sehr gut, können diese Konzentrationsfähigkeit jedoch nicht auf andere Situationen übertragen. Bieten Sie solchen Hunden auch andere Übungen an.

Target-Übungen

Bei diesen Übungen läuft der Hund zu einem Zielobjekt (dem „Target") oder folgt ihm hinterher. Dies kann eine Hand (eventuell mit Futter; lesen Sie dazu auch „Die Targethand") sein oder ein Gegenstand (z.B. ein „Targetstick" – das ist ein kleiner Zeigestab – oder der farbige Deckel eines Marmeladenglases), den mit der Nase oder der Pfote zu berühren der Hund gelernt hat. Der Schwierigkeits-

Hund dann an der Hand riechen, so dass er das Futter wahrnimmt! Bewegen Sie die Hand vom Hund weg. Bewegt er seinen Kopf hinterher? Belohnen Sie ihn sofort! Springt, kratzt, bellt oder beißt er? Unterbrechen Sie die Übung sofort, warten Sie, bis er sich wieder beruhigt hat und fahren Sie erst dann fort. Verwenden Sie bei solchen Hunden weniger attraktive Leckerchen oder lassen Sie die Hand leer (dann reicht die Lockwirkung der Bewegung aus). Sie können auch versuchen, die Hand langsamer oder in größerem Abstand zum Hund zu bewegen. Achten Sie auf jeden Fall darauf, dass Ihr Hund exakt dann zum Erfolg kommt, wenn er nichts Unerwünschtes tut, alle seine Beine am Boden sind, er auf die Hand schaut und sich hinter ihr her bewegt. Üben Sie, bis es Ihnen gelingt! Nach einigen gelungenen Wiederholungen können Sie ganz allmählich die Strecke steigern, die sich der Hund hinter Ihrer Hand her bewegen soll, bevor er sein Leckerchen erhält, bis er schließlich mehrere Schritte folgt. Bauen Sie nun Kurven und Kreise ein! Vielleicht finden Sie Hindernisse, die Ihr Hund überwinden kann? Ihrer gemeinsamen Kreativität sind keine Grenzen gesetzt. Achten Sie aber darauf, dass Ihr Hund erfolgreich bleibt! Das heißt: Er soll vor allem konzentriert bei der Sache sein, und damit seinen "Fokusmuskel" trainieren. Ziele wie bestimmte Schrittzahlen oder bewältigte Hindernisse sind zweitrangig!

Spontane Aufmerksamkeit

Machen Sie es sich zur Regel, auf Spaziergängen jede kleine Aufmerksamkeit zu belohnen, die Ihr Hund auf Sie richtet. Belohnen Sie, wenn er Sie anschaut, wenn er auf Sie zuläuft oder Ihre Hand berührt. Benutzen Sie Futter, Lob, einen freundlichen Blick, eine Berührung oder ein kleines Spiel als Belohnung. Dies wird ihm helfen, Sie auch unter großer Ablenkung nicht zu vergessen.

Wenn Ihr Hund schon sehr häufig Kontakt zu Ihnen aufnimmt oder Sie gar nicht mehr aus dem Blick lässt, dann verändern Sie die Regeln: Belohnen Sie spontanen Blickkontakt weiterhin in Situationen mit Herausforderungen, wie zum Beispiel zu Anfang des Spazierganges, in neuen Umgebungen sowie vor, während und nach dem Auftreten von Ablenkungen. In anderen, ruhigeren Situationen bestätigen Sie den Kontakt mit weniger attraktiven Belohnungen (z.B. Lob oder ein Lächeln). Schaut er ununterbrochen? Dann geben Sie ein Freigabesignal und zeigen Sie ihm Ihre leeren Hände. Danach ignorieren Sie ihn zehn Sekunden lang.

Aber Achtung! Belohnen Sie niemals wildes oder aufdringliches Verhalten. Anrempeln, Anspringen, Beknabbern oder Beißeln werden ignoriert oder – wenn notwendig – gestoppt.

„Schau mir in die Augen"

Führen Sie die Targethand zu Ihrem Gesicht. Schaut der Hund hinterher? Belohnen Sie ihn! Springt er der Hand hinterher? Dann helfen Ihnen folgende Tipps:

- Benutzen Sie den „No-Reward-Marker" (siehe Anhang B) und versuchen Sie es dann noch einmal.
- Verlangsamen Sie das Tempo Ihrer Hand.
- Wiederholen Sie die Übung, indem Sie Ihre Hand langsam zu Ihrem Gesicht bewegen und passen Sie genau auf: Hat Ihr Hund seine Pfoten noch eine Sekunde lang am Boden? Belohnen Sie ihn in dieser artigen Sekunde, egal welche Strecke Ihre Hand zurückgelegt hat! Das klappt am besten mit einem Markersignal.
- Führen Sie die Übung mit weniger guten Leckerchen oder mit leerer Hand aus.

> **Ein Tipp für kleine Hunde:**
> Ihnen fällt es manchmal schwer, ihrem stehenden Menschen bis ins Gesicht zu schauen. Bei solchen Hunden bewegen Sie die Hand stattdessen zum Bauch!

Egal welchen Trick Sie benutzen: Steigern Sie die Anforderungen, bis Sie Ihre Hand bis zum Gesicht bewegen können. Herzlichen Glückwunsch: Sie können seine Aufmerksamkeit jetzt gezielt auf die wichtigste Person in seinem Leben richten – nämlich auf Sie! Wiederholen Sie diese Übung in verschiedenen Positionen zum Hund: rechts oder links von ihm, vor ihm, hinter ihm, während Sie stehen, hocken oder sitzen.

Steigern Sie die Blickdauer Ihres Hundes mit dem Bananenspiel (siehe unter „Ausdauertraining mit Bananenspiel").

Fokusgehen

Nehmen Sie eine Hand voll Leckerchen und führen Sie diese an die Nase Ihres Hundes. Füttern Sie ihm eines nach dem anderen und beginnen Sie dabei, rückwärts zu gehen. Folgt er mit der Nase an Ihrer Hand? Füttern Sie weiter! Manchen Hunden hilft es, wenn Sie beide Hände dazu verwenden. Gelingt das gut, dann können Sie zwischen zwei Leckerchen ganz kurze Pausen einfügen. Nach und nach können diese Pausen länger werden. Achten Sie jedoch unbedingt darauf, dass Ihr Hund sich nicht abwendet! Dann war die Pause zwischen zwei Belohnungen noch zu lang. Als weitere Steigerung können Sie sich 180 Grad um die eigene Achse drehen, so dass Ihr Hund neben Ihnen läuft. Aber Achtung! Unterbrechen Sie das Füttern nicht, während Sie sich drehen. Auf diese Weise können Sie sehr gut das „bei Fuß"-Gehen trainieren! Arbeiten Sie zusätzlich daran, den Abstand zwischen der Futterhand und der Nase Ihres Hundes allmählich zu vergrößern.

Als weitere Steigerungen des Fokusgehens können Sie zwischen Rückwärtsgehen und Seitwärtsgehen auf beiden Seiten hin- und herwechseln oder Kurven einbauen.

„bei Fuß"-Arbeit

Egal, welche der vielen hundefreundlichen Methoden Sie benutzen, Ihrem Hund das „bei Fuß"-Gehen beizubringen: Wenn Ihr Hund Freude daran hat, dann können Sie das „bei Fuß"-Gehen als Fokus-Training benutzen. Ihr Ziel sollte sein, dass Ihr Hund Sie dabei anschaut, denn sonst müsste der hyperaktive Hund sich ständig gegen Umgebungsreize entscheiden und das auch noch, während er in Bewegung ist! Übrigens: Üben Sie das „bei Fuß"-Gehen unbedingt auf beiden Seiten, rechts und links neben Ihnen! Dies ist wichtig, weil Ihr Hund sonst am Hals einseitig eine höhere Muskelspannung aufbaut, wodurch eine Fehlbelastung seiner Halswirbelsäule entsteht. Da das aufmerksame „bei Fuß"-Gehen eine gleichförmige, etwas gebogene Körperhaltung verlangt, sollten Sie es auch beim gut trainierten Hund nicht zu lange üben. Trainieren Sie zunächst nur wenige Sekunden und später wenige Minuten lang! Weitere Tipps zum „bei Fuß"-Gehen finden Sie im Anhang B oder im Buch „Spiele für die Hundestunde" von C. Sondermann und M. Hense.

ANDERE BESCHÄFTIGUNGEN: LAUFEN, LAUFEN, LAUFEN

Manche Hunde finden erst dann zur Ruhe, wenn sie ein Ventil für ihr Bewegungsbedürfnis bekommen. Dies gilt jedoch längst nicht für alle hyperaktiven Hunde. Wenn Sie den Verdacht haben, dass Ihr Hund davon profitieren könnte, probieren Sie es ein paar Tage lang aus! Dazu eignet sich das Laufenlassen auf einer Wiese, Spazierengehen, Spielen, langsames Joggen oder sogar langsames Fahrradfahren. Diese Beschäftigungen können den Erregungslevel Ihres Hundes oder den Level seines chronischen Stresses jedoch auch erhöhen – mit all den dazugehörigen Nachteilen! Wenn Sie bemerken, dass Ihr Hund in den Tagen nach der Beschäftigung zappeliger ist als zuvor oder einfach immer mehr Bewegung fordert, dann lassen Sie dieses Element in Zukunft wieder weg.

Achten Sie außerdem darauf, dass die Bewegung, die Sie Ihrem Hund anbieten, seinen Erregungslevel nur geringfügig und nicht dauerhaft erhöht! Natürlich muss Ihr Hund etwas „spritziger" werden, wenn er mit Ihnen spielt oder joggt. Sein Erregungslevel darf dabei jedoch niemals extreme Werte erreichen oder zu unerwünschtem Verhalten (z.B. Bellen, Anspringen des Menschen oder Beißeln) führen. Und: Er sollte sich danach recht schnell wieder beruhigen. Ideal wäre es, wenn Sie Entspannungstechniken bereits so gut beherrschen, dass Sie diese unmittelbar nach der Aktivität durchführen können.

DESENSIBILISIERUNG ODER „SOZIALISIERUNG" FÜR ERWACHSENE!

„Desensibilisierung" bedeutet, dass Ihr Hund immer unempfindlicher gegenüber bestimmten Reizen wird. In ähnlicher Weise wie Welpen in ihrer Sozialisierungsphase an immer neue Erlebnisse herangeführt werden, können auch ausgewachsene Hunde Neues kennen lernen – sie brauchen dazu allerdings längere Zeit als Welpen! Der Erfolg, Ihren Hund endlich entspannt durch abwechslungsreiche Umgebungen führen zu können, lohnt diese Mühen aber in jedem Fall.

Als Techniken eignen sich:
- Erkundungsausflüge (zu Fuß oder im Auto)
- Desensibilisierung an Alltagsgegenständen
- soziale Desensibilisierung

Autofahrten

Die meisten hyperaktiven Hunde sind unangenehme Beifahrer: Sie jaulen, bellen oder zappeln im Fahrzeug herum. Einige wenige sitzen ruhig im Auto und schauen hinaus. Für diesen gelassenen Vierbeiner können Autoausflüge zum „Fernseh-Bildungsprogramm" werden. Sie betrachten die Welt aus der sicheren Umgebung des Autos heraus und gewöhnen sich so an alle möglichen optischen Reize.

Erkundungsausflüge

Lassen Sie Ihren Hund fremde Umgebungen erkunden! Dieser Ratschlag hilft allen Hunden, die empfindlich gegenüber Neuem sind. Suchen Sie nach einer ruhigen Umgebung, die Ihr Hund noch nicht kennt (z.B. ein ruhiger Feldweg, eine ruhige Straße in der Siedlung, ein Gewerbegebiet nach Feierabend) und gehen Sie dort spazieren. Wählen Sie – wenn möglich – ein langsames Spaziergehtempo und geben Sie Ihrem Hund Zeit, ausgiebig zu schnuppern.

Wenn Ihr Hund eine Umgebung mehrmals entspannt erkunden konnte, wählen Sie eine neue. Bemerken Sie, dass er auf diesen Ausflügen immer gelassener wird? Dann können Sie ihm interessantere Umgebungen mit mehr Reizen (z.B. fahrenden Autos, bewohnten Häusern, Tieren auf der Weide, Spaziergängern usw.) anbieten.

Extra-Tipps für Hunde, die sehr stark auf Neues reagieren

- Bleiben Sie in derselben Umgebung, bis Ihr Hund entspannt dort spazieren gehen kann, ansprechbar ist für Ihre Signale und bereitwillig Leckerchen von Ihnen nimmt. Erst dann ist er bereit für neue Herausforderungen!
- Als Steigerung kann es zunächst ausreichen, wenn Sie den bekannten Spazierweg in die andere Richtung oder auf der anderen Straßenseite gehen, oder wenn Sie von diesem bekannten Weg aus kleine Abstecher in Seitenstraßen machen.

Verbringt Ihr Hund seinen Spaziergang mit Rennen, Hüpfen oder permanentem Herumschauen nach interessanten Dingen? Dann lehren Sie Ihren Hund, mit der Nase zu erkunden! Während Ihr Hund seine Umgebung geruchlich untersucht, übt er zu fokussieren. Er lernt es zu genießen, sich die Umgebung mit der Nase zu erschließen und seine Spaziergehgeschwindigkeit verringert sich dabei automatisch! Um diese Art von „Nasenarbeit" zu fördern, suchen Sie eine Umgebung auf, in der auch andere Hunde spazieren gehen. Führen Sie Ihren Hund am Wegrand, an Grasbüscheln, Grünstreifen oder Baumstümpfen entlang, von denen Sie vermuten, dass andere Hunde sich dort gelöst haben. Dann beobachten Sie Ihren Hund: Sobald er Ansätze zum Schnuppern oder auch nur zum Hinschauen zeigt, bleiben Sie stehen und schauen Sie auf die Stelle, die Sie als Schnupperstelle vermuten. Loben Sie ihn, wenn er schnuppert. Gehen Sie erst dann weiter, wenn er mit dieser Schnupperstelle fertig ist.

Aber Achtung! Bei jagenden Hunden können Sie an den Bewegungen erkennen, ob sie einer Fährte nachschnuppern oder sich mit Hundegerüchen auseinandersetzen. Jagdverhalten sollte den meisten Hunden nicht erlaubt werden.

Desensibilisierung an Alltagsgegenständen

Wenn Sie Ihrem Hund häufig unbekannte Gegenstände zeigen, wird ihm das ebenfalls helfen, gegenüber unbelebten Umgebungsreizen unempfindlicher zu werden. Lassen Sie ihn einfach an Dingen schnuppern, die Sie gerade in der Hand haben und sagen Sie ein Sicherheitssignal (z.B. „Tut nichts" oder „Ist in Ordnung")! Zeigen Sie ihm beispielsweise einen Kugelschreiber, eine Packung Tee oder die Gießkanne. Halten Sie Ausschau nach fremden oder ungewöhnlichen Gegenständen, die Sie für kurze Zeit in die Wohnung bringen können. Legen Sie zum Beispiel einen fremden Karton ins Zimmer, ein Stück Plastikfolie oder einen Koffer. Lassen Sie den Gegenstand einfach für ein paar Stunden liegen.

Halten Sie in Ihrem gewohnten Spaziergehgebiet Ausschau nach neuen Gegenständen: Mülltonnen, ein leerer Anhänger oder eine Plastiktüte können zusammen mit dem Hund aufgesucht werden. Sobald Ihr Hund den Gegenstand wahrnimmt, sagen Sie das Sicherheitssignal (z.B. „Tut nix") und loben Sie Ihren Hund, wenn er ihn erkundet. Ähnliches können Sie mit Geräuschen tun: Nutzen Sie alle möglichen Dinge, die Geräusche machen wie zum Beispiel raschelnde Folie, eine Rassel oder einen Eimer zum Draufklopfen! Sie können auch eine Geräusch-CD abspielen. Ihr Hund sollte diese Geräusche ganz beiläufig hören. Daher müssen sie zunächst recht leise sein. Wenn Ihr Hund den Kopf hebt und in Richtung Geräuschquelle schaut, sagen Sie möglichst beiläufig ein Sicherheitssignal (siehe oben) und verhalten Sie sich danach so, als ob gar nichts gewesen wäre. Es ist dabei nicht notwendig, dass er sich der Geräuschquelle nähert. Wenn Sie versuchen, ihn in die Nähe zu locken, könnte es sein, dass er ängstlicher wird. Lassen Sie ihn den Abstand selbst wählen. Weicht er aus, reduzieren Sie beim nächsten Mal die Lautstärke des Geräusches.

Soziale Desensibilisierung

Wenn Ihr Hund selten Menschen oder andere Hunde trifft, wird er sehr aufgeregt sein, wenn er welchen begegnet. Es wäre also gut, wenn er täglich Kontakt zu anderen Menschen und Hunden hätte. Für einen hyperaktiven Hund kann das schwierig sein, denn wir können ihm natürlich nicht erlauben, Menschen oder Hunde ungestüm zu bedrängen. Bedenken Sie auch, dass zu häufige Erlebnisse sein Stressniveau steigern werden. Daher sollten Sie überlegen, wie viel Kontakt Ihr Hund aushalten kann, ohne überfordert zu werden, oder probieren Sie es einfach aus. Eine Überforderung erkennen Sie daran, dass Ihr Hund in der Begegnung, bei der nächsten Begegnung oder in den Stunden oder Tagen danach unruhiger ist als sonst.

Planen Sie die Begegnungen: Wo und mit wem können Sie sich treffen, damit das Zusammensein möglichst entspannt verläuft? Wie können Sie Ihrem Hund helfen, sich möglichst wenig aufzuregen und zumindest ganz überwiegend nur erwünschtes Verhalten zu zeigen? Vielleicht treffen Sie sich eine Zeit lang immer mit denselben Menschen und Hunden. Bleiben Sie nicht an einem Ort, sondern gehen Sie langsam spazieren. Beobachten Sie Ihren Vierbeiner: Er sollte sich nach der ersten Aufregung sichtbar beruhigen, in der Lage sein, sich anderen Dingen als dem Sozialpartner zu widmen, ansprechbar sein und kein Stress-Gesicht zeigen. Gelingt dies bei mehreren Treffen oder kann er sogar zunehmend gelassener mit den Hunden oder Menschen umgehen, dann planen Sie weitere Personen oder Hunde ein.

TRAINING ZUR STEIGERUNG DER FRUSTRATIONSTOLERANZ

Beim Aufbau von Frustrationstoleranz gilt es ganz besonders, Überforderung zu vermeiden! Überlegen Sie genau, was Ihr Hund bereits gelassen aushält und wie Sie die Herausforderungen vorsichtig steigern können. Viele der bisher genannten Übungen fördern die Frustrationstoleranz von Hunden, weil sie jeweils eine kleine Leistung erbringen müssen, um Erfolg zu haben. Besonders nützlich sind das Gehorsamstraining und die Regeln im Alltag. Halten Sie sich außerdem an folgenden Tipp: Möchten Sie Ihrem Hund einen Wunsch verweigern (z.B. gestreichelt zu werden oder hinaus zu gehen), dann verwenden Sie am besten immer dieselben Worte (z.B. „Jetzt nicht") in gleichgültigem, also nicht stark abweisendem, Tonfall. So fällt es ihm leichter, die Situation zu bewerten und nach und nach immer gleichgültiger gegenüber Frustration zu werden. Lesen Sie hierzu auch im Anhang B „Nützliche Signale".

Es gibt jedoch Hunde, die auf Frustration sehr stark mit Unruhe, Springen oder Beißeln reagieren. Ihre Halter brauchen die Hilfe einer erfahrenen Fachperson. Lesen Sie außerdem die Hinweise im Anhang C!

VERBESSERUNG DER IMPULSKONTROLLE

Mit jedem Alternativverhalten, das Ihr Hund für eine schwierige Situation erlernt, verbessert er die Fähigkeit, seine Impulse zu kontrollieren. Gehorsamstraining, insbesondere Ausdauerübungen wie „bleib" oder das „bei Fuß"-Gehen, steigern ebenfalls die Impulskontrolle Ihres Hundes. Dasselbe gilt für Regeln, die in den Alltag eingebaut werden! Darüber hinaus können Sie die Impulskontrolle Ihres Hundes mit folgenden Übungen gezielt fördern:

Sitzen macht glücklich

Halten Sie ein Lockmittel (z.B. ein Leckerchen) über den Hundekopf. Warten Sie, bis er sich hingesetzt hat und belohnen Sie ihn dann mit dem Futter. Klappt das? Dann können Sie variieren, indem Sie das Lockmittel höher oder niedriger halten, ein anderes Lockmittel (z.B. ein Spielzeug) verwenden oder die Freigabe der Belohnung eine Sekunde lang herauszögern. Diese Wartedauer kann mit der Zeit verlängert werden. Als weitere Steigerungen können Sie den Hund hinter dem Lockmittel herlaufen lassen, bevor es über seinen Kopf gehalten wird und er sich hinsetzen kann. Sie können außerdem das Lockmittel vorsichtig hin und her bewegen, während er sitzt. Belohnen Sie sehr bald, solange er noch gut sitzen bleiben kann!

Wenn Ihrem Hund diese Übung schwer fällt, dann verwenden Sie ein weniger interessantes Lockmittel oder lassen die Hand zunächst leer. Belohnen Sie ihn dann aber gleich, wenn er sich setzt! Sie können Ihrem Hund außerdem bei den ersten Malen ein „sitz"-Signal geben.

Ausdauertraining mit Bananen

Alle Ausdauerübungen (Anschauen, Sitzen, Liegen, „bei Fuß"-Gehen) müssen vorsichtig gesteigert werden. Dabei hilft Ihnen das Bananenspiel: Um den Zeitabstand zwischen zwei Leckerchen exakt zu

steigern, zählen Sie nach jeder Leckerchengabe Bananen (natürlich leise im Kopf). Denken Sie einfach stumm die Worte „eine Banane", und dann belohnen Sie Ihren Hund ein weiteres Mal. Um die Zeitdauer zu steigern, zählen Sie „eine Banane, zwei Bananen" (später „...drei Bananen, vier Bananen" usw.), bevor Sie die Belohnung geben.

Für manche Hunde sind die Worte „eine Banane" zu lang. Dann „stückeln Sie die Banane": Geben Sie ein Leckerchen, denken Sie „ein" und geben dann das nächste. Nach einigem Üben können Sie Ihre Worte verlängern („eine...", „eine Ba...", „eine Bana..."), später „eine Banane" denken und nach und nach eine zweite Banane dazunehmen.

Nutzen von Umweltbelohnungen

Hat Ihr Hund auf dem Spaziergang eine interessante Schnupperstelle entdeckt, dann können Sie diese nutzen: Bevor Ihr angeleinter Hund die Schnupperstelle erreicht, sprechen Sie ihn mit seinem Aufmerksamkeitssignal an. Schaut er sich zu Ihnen um, loben Sie ihn und schicken ihn zur Schnupperstelle. Reagiert er nicht, warten Sie einfach ab und beobachten ihn: Wenn Sie an seiner Körpersprache erkennen, dass sein Interesse an der Schnupperstelle nachlässt, dann sprechen Sie ihn noch einmal an und führen die Übung dann durch.

Natürlich können außer Schnupperstellen auch andere interessante Dinge (z.B. ein Leckerchen am Boden) genutzt werden! Übrigens: Sie können Ihrem Hund diese Aufgabe erleichtern, indem Sie näher zu ihm heran oder seitlich neben ihn rücken – oder indem Sie ihn ansprechen, solange die Schnupperstelle noch weit weg ist.

Gehen unter Ablenkung

Legen Sie einen Gegenstand auf den Boden und führen Sie Ihren Hund in sicherem Abstand daran vorbei. Er darf zum Gegenstand hinschauen, aber nicht zu ihm gelangen. Wenn er hin möchte, fordern Sie ihn zum Mitkommen auf und belohnen ihn, wenn er mit Ihnen geht. Bei dieser Übung können Sie ihn einfach nur an der Leine führen, „bei Fuß" gehen lassen, hinter Ihrer Hand herlaufen lassen oder Fokusgehen mit ihm trainieren. Am Ende jeder Übung darf er zur Belohnung zum Gegenstand laufen und ihn erkunden. Wiederholen Sie die Übung mit verschiedenen Gegenständen. Um die Anforderungen zu steigern, verwenden Sie interessantere Gegenstände (bei fortgeschrittenen Hunden sogar Futter), legen mehrere Gegenstände aus oder flechten weitere Gehorsamsübungen wie zum Beispiel „sitz" mit ein.

Weiteres Training unter Ablenkung

Lehren Sie Ihren Hund, sich auch dann zu beherrschen, wenn interessante Dinge um ihn herum passieren. Verwenden Sie dazu die Tipps und Tricks, die im Anhang C unter „Sorgfältige Generalisierung und Ablenkungslisten" aufgeführt werden.

SO WIRD AUS DEM „COCKTAIL" EIN TRAININGSPLAN

Haben Sie herausgefunden, welche Maßnahmen Ihrem Hund helfen könnten? Sortieren Sie diese nach der folgenden Reihenfolge, dann entsteht Ihr eigener Trainingsplan!

1 Beenden von ungeeigneten Maßnahmen
2 Tiermedizinische Untersuchung

3 „Überlebenstraining" Schritt 1 und 2: Finden von Managementmaßnahmen für die schwierigsten Situationen
4 Suche nach Informationen, insbesondere über Normalverhalten von Hunden (Kommunikation, Verhalten bei Stress, Lernverhalten) und gewaltfreies Training
5 Planung und Durchführung von Stressmanagement
6 Einführen von Entspannungstechniken
7 „Überlebenstraining" Schritt 3: Training an den Situationen, die am meisten stören
8 Anwendung von „Werkzeugen" zur Verbesserung der Symptome

Beginnen Sie mit den Punkten 1 bis 6. Wählen Sie Maßnahmen aus, die sofort umsetzbar sind. Stellen Sie daraus einen Plan zusammen, nach dem vorgegangen werden kann.

Nach ein bis zwei Wochen werten Sie aus, was Sie erfolgreich umsetzen konnten. Herzlichen Glückwunsch! Fragen Sie sich als Nächstes, ob Sie diese Maßnahmen nun verändern (evtl. die Anforderungen steigern) sollten und an welchen Stellen Sie Ihren Plan anpassen müssen, weil die Vorgehensweise nicht zu Ihnen und/ oder Ihrem Hund passt? Erstellen Sie einen neuen Plan.

Sobald sich diese Maßnahmen in Ihren Alltag eingefügt haben und weder Sie noch Ihr Hund Probleme mit der Durchführung haben, setzen Sie sich gründlich mit den Punkten 7 und 8 auseinander: Welche Tipps, welche Maßnahmen passen zu Ihrem Hund? Welche sind für Sie und Ihre Familie durchführbar? So ermöglichen Sie es Ihrem Vierbeiner, sein Verhalten langfristig zu verändern! Sollten Sie an irgendeinem Punkt unsicher sein oder sollte der Erfolg auf sich warten lassen, wenden Sie sich an eine Fachperson!

Viel Vergnügen beim Lernen und Trainieren!

ANHANG A
Beispiele für schwierige Situationen
und wie man mit ihnen umgehen kann

ANHANG A
Beispiele für schwierige Situationen und wie man mit ihnen umgehen kann

Die folgenden Maßnahmen sollen einerseits das unerwünschte Verhalten verhindern, verkürzen oder erträglich machen (nachzulesen unter Punkt 1: „Möglichkeiten des Managements"), und andererseits helfen, dieses Verhalten dauerhaft zu reduzieren (nachzulesen unter Punkt 2: „Trainingstipps"). Damit erhalten Sie eine Auswahl von Möglichkeiten, aus denen Sie aussuchen können. Sie müssen also keineswegs jede der aufgeführten Maßnahmen anwenden! Wählen Sie einfach diejenigen aus, die am besten zu Ihnen und Ihrem Hund passen. Mit Hilfe des Calmometers können Sie feststellen, ob eine Maßnahme Ihnen hilft. Wenn nicht, wählen Sie eine andere.

Aber Achtung: Um das unerwünschte Verhalten dauerhaft zu beseitigen, müssen in der Regel weitere therapeutische Maßnahmen angewendet werden, zum Beispiel eine medizinische Behandlung, ein sorgfältiges Stressmanagement, ausreichend sinnvolle Beschäftigung und/ oder Entspannungsübungen. Außerdem sollten Sie den wichtigsten Hinweis überhaupt beachten: Haben Sie Geduld!

ANDAUERNDE, UNUNTERBROCHENE UNRUHE

Anzeichen: Herumlaufen, Kauen auf Gegenständen, Wechsel der Beschäftigungen (Kratzen auf dem Teppich, Zerren an Gardinen, Graben im Blumentopf, Bellen, Menschen anstupsen, Springen auf die Anrichte, wieder Kratzen auf dem Teppich...), Dauerbellen und Ähnliches. Diese Verhaltensweisen dauern längere Zeit an.

MÖGLICHKEITEN DES MANAGEMENTS
- Unter welchen Bedingungen (Anlässe, Tageszeiten, Umgebungen...) beginnt der Hund dieses Verhalten? Ist es vorhersehbar und vermeidbar?

Einige Beispiele:
- Das Verhalten beginnt nach dem Heimkommen vom Spaziergang. Die Unruhe kann unterschiedlich ausgeprägt sein, je nachdem, wie lang oder wie aufregend der Spaziergang war. Durch geschickte Auswahl des Zeitpunktes, des Ortes und der Dauer des Spazierganges können Sie dafür sorgen, dass der Hund nach der Rückkehr nur wenig Aufregung zeigt.
- Wahrnehmung von Anspannung beim Menschen, zum Beispiel bei Trainingsbeginn oder wenn Besucher kommen. Bleiben Sie in diesen Situationen gelassen!
- Das Verhalten beginnt, wenn der Hund sich in einem Konflikt befindet. Er kann sich nicht zwischen verschiedenen Tätigkeiten entscheiden. Dies kann zum Beispiel vorkommen, wenn er ein Verbot oder einen Befehl nicht versteht, wenn ihn die Dauer einer Übung überfordert (im Hund mischen sich dann die Motivationen zum Beispiel im „Platz" liegen zu bleiben und aufzuspringen) oder wenn der Mensch ihn unabsichtlich bedrängt. Finden Sie die Ursache und vermeiden Sie diese.
- Das Verhalten beginnt nach der Wahrnehmung plötzlich auftretender Geräusche. Diese können durch einen laufenden Ventilator oder ein Radio gedämpft werden.

In den beschriebenen Beispielen erkennen Sie: Als Managementlösung wurde jeweils der (oder die)

Auslöser des Verhaltens gesucht und dann überlegt, wie diese eine Zeit lang vermieden werden können. Andere Managementlösungen sind:

- Testen Sie, ob die unruhigen Phasen schneller oder sogar sofort vorübergehen, wenn Sie den Raum, der dem Hund zur Verfügung steht, durch geschlossene Türen, Kindergitter oder Gitterzäune (im Zoohandel als „Welpenauslauf" zu kaufen) begrenzen. Hunde, die sehr gut an eine Box oder an den Aufenthalt im Auto gewöhnt sind, können dorthin gebracht werden. Aber Achtung: Kommt der Hund dort schnell zur Ruhe, ist alles in Ordnung. Zappelt er dort längere Zeit herum oder steigert sich seine Unruhe sogar, dann ist diese Maßnahme ungeeignet. Außerdem ist weder das Auto noch eine Box dafür geeignet, den Hund dauerhaft darin unterzubringen!
- In ähnlicher Weise kann das Festhalten mit Streicheln oder Massieren des Hundes wirken.
- Bei einigen wenigen Hunden nimmt die Unruhe ab, wenn sie sehr viel Raum zur Verfügung haben (offene Türen...).
- Räumen Sie wertvolle oder zerbrechliche Gegenstände weg.
- Bieten Sie dem unruhigen Hund beruhigende Beschäftigungen an, zum Beispiel Kauen, Futtersuche am Boden oder in einer „Krabbelkiste" (ein Karton gefüllt mit Papier oder Klorollen, zwischen denen Trockenfutter oder Leckerchen gestreut wurden).
- Manchen Hunden hilft ein Ventil, also eine vom Halter ausgewählte Ersatzverhaltensweise, die lebhafte Bewegung und damit „Abreagieren" ermöglicht. Ein solches Ventil ist für den Halter angenehmer und kann von ihm nach kurzer Zeit beendet werden. So kann man zum Beispiel versuchen, das kopflose Herumrennen in ein Spiel mit einem Spielzeug zu verwandeln und die Unruhe dann nach ein paar Minuten zu beenden.

Liebt Ihr Hund es, im Garten zu rennen, so kann ihm das angeboten werden. Wird er wieder hereingerufen, ist er möglicherweise in einer ganz anderen Stimmung.

TRAININGSTIPPS

- Haben Sie einen bestimmten Auslöser für dieses Verhalten gefunden, wie zum Beispiel der Beginn einer Trainingseinheit oder der Aufbruch zum Spaziergang? Dann können Sie eventuell den Alltag zum Üben nutzen: Sobald Ihr Hund seinen „Unruhe-Anlass" wahrnimmt, bieten Sie ihm eine beruhigende Beschäftigung wie zum Beispiel Kauen, Futtersuche, die Ausführung eines „Tricks" oder einer Gehorsamsübung, die er sehr gut kann, an. Wichtig ist aber, dass Sie dies unbedingt tun, bevor er in Unruhe verfällt. So lernt er mit dem Auslöser in ruhiger Weise umzugehen.
- Ist Ihr Hund im Alltag viel zu zappelig dafür? Dann üben Sie das Ruhigwerden mit gezielt vorbereiteten Situationen: Bieten Sie den Auslöser in schwacher oder kurzzeitiger Form an, zum Beispiel indem Sie eine sehr einfache, kurze Übung durchführen, wenn Üben bei Ihrem Hund Unruhe hervorruft; oder indem Sie nur zur Leine greifen, als ob ein Spaziergang bevorstünde, und dann die Leine wieder weglegen, und lassen Sie Ihren Hund

dann sofort etwas Ruhiges und Angenehmes machen, wie zum Beispiel eine Futtersuche am Boden oder eine Entspannungstechnik.

- Haben Sie den Verdacht, dass Ihre Aufmerksamkeit das Verhalten Ihres Hundes verstärkt? Dann ignorieren Sie die Unruhe vollständig.
- Wann immer Ihr Hund ruhig steht, sich hinsetzt oder hinlegt – darf er etwas Schönes erleben: Sie schauen ihn an, nicken ihm zu, sagen ein ruhiges Wort...
- Das gilt besonders dann, wenn etwas passiert (z.B. ein Geräusch), das ihn normalerweise aktiviert – und er bleibt zum ersten Mal gelassen! Achten Sie aber darauf, dass Sie ihn nicht überschwänglich loben; sonst besteht die Gefahr, dass er durch die übermäßige Zuwendung wieder aktiviert wird.
- Bemühen Sie sich darum, dass alle angenehmen Dinge (Zuwendung, Beschäftigung, Fütterung, Aufbruch zum Spaziergang...) nur dann beginnen, wenn Ihr Hund gerade für kurze Zeit stillhält – oder sogar liegt! Das wird zu Anfang nur selten möglich sein, mit der Zeit aber immer häufiger werden. Lesen Sie dazu auch „Alles Schöne beginnt im Liegen" im Teil 3 über die Werkzeuge.

ÜBERMÄSSIG HÄUFIGES ODER ANDAUERNDES AUFFORDERNDES VERHALTEN GEGENÜBER DEM MENSCHEN

Anzeichen: Bellen, Jaulen, Drängeln, Rempeln, Pföteln, Stupsen mit der Nase, Beißeln (s.u.), Anspringen, Anbieten von Spielzeug und ähnliche Verhaltensweisen; diese können so lästig oder schmerzhaft werden, dass Ignorieren unmöglich wird.

MÖGLICHKEITEN DES MANAGEMENTS

- Unter welchen Bedingungen (Anlässe, Tageszeiten, Umgebungen...) zeigt der Hund dieses Verhalten? Ist es vorhersehbar und vermeidbar? Können Sie einfach weggehen, wenn Sie bemerken, dass es unmittelbar bevorsteht, zum Beispiel aus dem Raum oder hinter ein Gittertürchen?
- Ein Kindergitter in einer Tür oder ein Gitter im Raum kann den Hund daran hindern, zu Ihnen zu gelangen. Bedenken Sie jedoch, dass jeder Hund ausreichend direkten Kontakt zum Menschen braucht, weshalb eine solche Trennung nur vorübergehend vorgenommen werden darf.
- Mit einer Hausleine, also einer kurzen Leine, die am Brustgeschirr des Hundes befestigt wird und die er im Haus hinter sich herzieht, können Sie selbst oder eine andere Person den Hund zurückhalten.
- Erklären Sie Ihren Nachbarn, dass Sie beginnen, das Bellen, Jaulen etc. zu ignorieren. Bitten Sie um Verständnis, dass Häufigkeit und Intensität sich daher vorübergehend verschlimmern können.
- Fordert Ihr Hund durch das Bringen von Spielzeugen? Dann räumen Sie diese weg. Hier ist allerdings wirklich nur das übermäßig häufige und sehr aufdringliche Bringen gemeint! Selbstverständlich darf Ihr Hund Sie auch einmal zum

Spielen auffordern und Ihnen hierfür eines seiner Spielzeuge bringen.
- Beißelt Ihr Hund häufig? Dann gewöhnen Sie ihn an einen Maulkorb. Lesen Sie hierzu „Maulkorb-Training" im Anhang B.

TRAININGSTIPPS

- **Ignorieren Sie unerwünschte Forderungen und bleiben Sie dabei konsequent und reagieren Sie nicht.** Kündigen Sie das Ignorieren immer mit einem Signal wie zum Beispiel „Jetzt nicht" an, denn das hilft Ihrem Hund, nach und nach immer schneller aufzugeben, und Ihnen fällt es nach dieser klaren Ankündigung leichter, konsequent zu sein. Es ist wichtig, dass Sie dieses Signal in neutralem Tonfall sagen! Eine strenge Stimme kann das Bedürfnis des Hundes, von Ihnen freundliche Zuwendung zu bekommen, erheblich verstärken – und damit sein aufdringliches Verhalten erheblich intensivieren!

SEHR WICHTIG: Ihr Hund braucht den Kontakt zu Ihnen und seine Kontaktaufnahmen entsprechen der Frage „Gehöre ich noch zu Dir?" Stures Ignorieren entspräche der Antwort „Nein!" und würde Ihren Hund beunruhigen und seine Bemühungen um Sie verstärken. Deswegen:

- **Geben Sie Ihrem Hund häufig Zuwendung, wenn er nicht danach fordert.**
- **Suchen Sie eine Form von Zuwendung, die Ihren Hund nicht stimuliert.** Schauen Sie Ihren Hund nur an, sprechen Sie in ruhiger Weise mit ihm oder legen Sie ruhig die Hand auf oder an seinen Körper.
- **Beenden Sie jeden Kontakt** (Sprechen mit dem Hund, Streicheln...) **mit einem bestimmten Signal**, wie zum Beispiel „Das war´s". Wenden Sie sich dann von Ihrem Hund ab und ignorieren Sie ihn.
- **Zeigt Ihr Hund ein forderndes Verhalten, das Sie nicht ignorieren können? Dann gehen Sie sofort weg, wenn er mit dem Verhalten beginnt.** Überlegen Sie sich sorgfältig: Welches Verhalten genau soll Ihr Weggehen zur Folge haben? Der allererste Bell-Laut, die erste Pfotenberührung am Hosenbein? Legen Sie dieses Kriterium möglichst genau fest. Planen Sie dann, wie und wohin Sie gehen können, zum Beispiel hinter ein Gittertürchen oder aus dem Raum; in manchen Fällen reicht es aus, dass Sie dem Hund den Rücken zudrehen. Diese „Auszeit" sollten Sie gut planen und immer mit einem Signal ankündigen (siehe Anhang B), denn erst dann wird sie für Ihren Hund gut verständlich.
- Folgender Tipp hilft vielen hyperaktiven Hunden, die scheinbar nicht aufhören können, den Kontakt zum Menschen zu suchen, und die dies auf besonders unangenehme Weise tun. **Beobachten Sie Ihren Hund! Was macht er, um Ihre Zuwendung zu bekommen?** Wählen Sie die Kontakt-Verhaltensweise Ihres Hundes aus, die Sie am wenigsten stört und die am wenigsten stimulie-

rend wirkt. Sitzen oder Stehen neben Ihren Beinen ist zum Beispiel angenehmer als Anspringen, Stupsen oder Beißeln. Das ruhige Aufnehmen oder Tragen eines Spielzeugs ist besser als Bellen oder hektisches Ballspiel. Tritt diese Verhaltensweise auf, dann wenden Sie sich Ihrem Hund zu und geben ihm, was er sich wünscht.

- Gelingt das nicht, können Sie **ein Alternativverhalten vorschlagen:** Beherrscht Ihr Hund das Signal „sitz"? Dann fordern Sie Ihren Hund zum Sitzen auf, bevor Sie ihm Ihre volle Aufmerksamkeit geben. Ein „sitz" ist in jedem Fall angenehmer als Springen und Beißeln. Ein anderes Alternativverhalten kann das Tragen von Spielzeug sein. Üben Sie mit Ihrem Hund dazu ein Spielzeug-Signal (siehe Anhang B), so fördern Sie die Umorientierung zum Spielzeug.

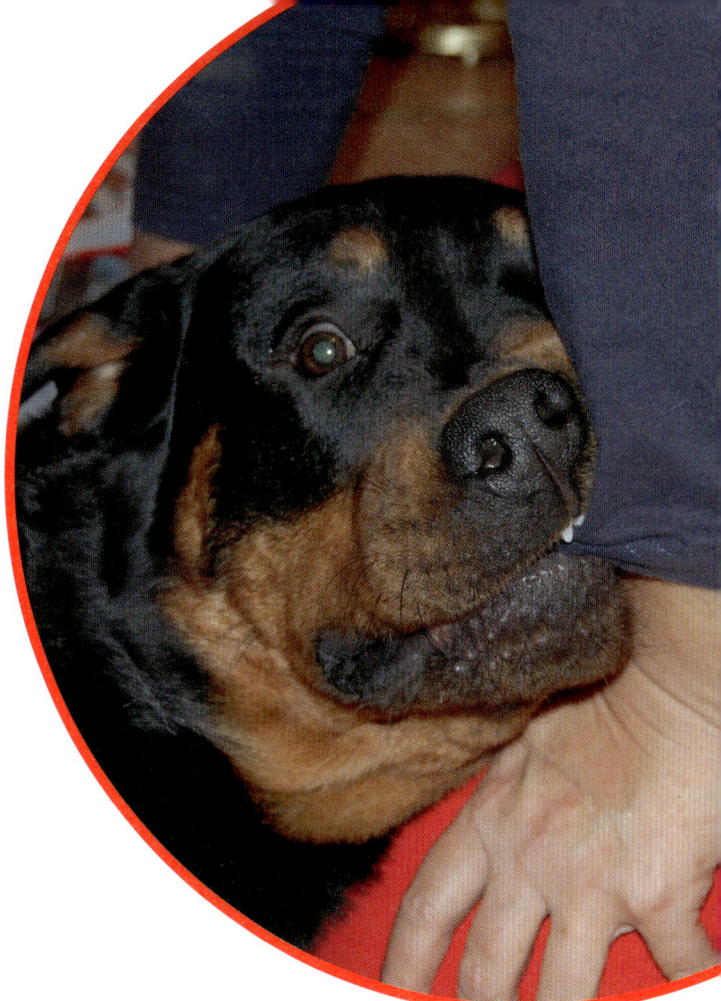

BEISSELN

Anzeichen: gehemmtes Beißen, Knabbern, Zerren an Kleidungsstücken oder Körperteilen, teilweise mit ganz erheblicher Intensität, manchmal mit gleichzeitigem Hochspringen oder ergänzt durch spielerische Verhaltensweisen, häufig begleitet von weiteren Anzeichen für Aufregung, aber ohne Drohverhalten.

MÖGLICHKEITEN DES MANAGEMENTS

- Gibt es Uhrzeiten, zu denen Ihr Hund zum Beißeln neigt? Versuchen Sie, diese vorauszusehen und geben Sie dem Hund dann erlaubte Schnauzen-Beschäftigungen (z. B. etwas zum Kauen) oder halten Sie sich fern von ihm.
- Gibt es Situationen, in denen er voraussichtlich damit beginnen wird, zum Beispiel bei Frustration in Begegnungen mit Hunden, bei Begrüßungen, in bestimmten Trainingssituationen oder nach dem Spiel? Beugen Sie vor, indem Sie diese Situationen vermeiden oder gestalten, beispielsweise indem Sie Futter streuen, ein Spielzeug oder etwas zu Kauen anbieten. Wichtig: Sie müssen die Ersatzbeschäftigung so lange anbieten, bis die „Beißelstimmung" abgeklungen ist.
- Beißeln ist häufig ein Zeichen dafür, dass der Vierbeiner in einer Situation überfordert oder überstimuliert ist. Manche Hunde zeigen dieses Verhalten, zum Beispiel wenn sie zu lange auf ihr Futter warten müssen oder zu lange festgehalten werden. Andere werden durch eine Fahrt im Auto überstimuliert und beißeln unmittelbar nach dem Aussteigen. Vermeiden Sie solche Überforderungen wo möglich – bis Ihr Hund gelernt hat, besser damit klarzukommen! Auch Konfliktsituationen können dazu führen: Beißelt Ihr Hund beispielsweise im Training, dann überprüfen Sie sorgfältig, ob er irgendetwas nicht verstanden hat oder im Leistungsanspruch überfordert wurde. Vermeiden Sie in Zukunft solche Unklarheiten.

- Beobachten Sie Ihren Hund und lernen Sie allererste Anzeichen für Beißeln zu erkennen. Bieten Sie Ihrem Hund dann eine erlaubte Beschäftigung an, zum Beispiel ein Spielzeug oder Futtersuche am Boden.
- Leichtes Beißeln kann ignoriert werden (siehe unter „Trainingstipps"). Intensiveres Beißeln unterbrechen Sie am besten so früh wie möglich. Je nach Trainingsstand Ihres Hundes können Sie:
  - den Hund wegschicken
  - das Stopp-Signal anwenden
  - ein Spielzeug anbieten oder ein Spielzeug-Signal anwenden
  - den Raum verlassen (am besten mit einem „Auszeit"-Signal)
  - den Hund hinausbringen. Auch hier kann ein „Auszeit"-Signal angewendet werden. Aber Achtung: Das Hinausbringen wird von manchen Hunden als attraktives Spiel missverstanden!
  - Leckerchen werfen oder streuen

Nähere Erklärungen zu den Signalen erhalten Sie im Anhang B.

- Trainieren Sie ein Aufmerksamkeits-, Umkehr- oder Abbruchsignal für den Fall, dass Ihr Vierbeiner eine andere Person zum Beißeln benutzt. In vielen Fällen werden solche Signale das Verhalten vorübergehend unterbrechen, aber nicht ausreichen, um es dauerhaft zum Verschwinden zu bringen. (Zu den Signalen lesen Sie Anhang B!)
- Tragen Sie alte Kleidung, wenn Sie mit Ihrem Hund zusammen sind.
- Extreme „Beißler" sollten in auslösenden Situationen einen Maulkorb tragen – natürlich nur nach sorgfältiger Maulkorbgewöhnung! Lesen Sie dazu „Maulkorb-Training" im Anhang B.

TRAININGSTIPPS

- Führen Sie ein Stressmanagement durch!
- Gibt es auslösende Situationen? Dann können Sie diese gegenkonditionieren (lesen Sie dazu im Kapitel „Überlebenstraining: So übersteht man den Alltag mit hyperaktiven Hunden" nach), indem Sie den Auslöser mit gestreutem Futter kombinieren. So wird die Aufmerksamkeit des Hundes zum Boden gerichtet. Zum Beispiel kann ein Hund, der nach „sitz"-Übungen regelmäßig zu beißeln beginnt, nach Beendigung der Übung Leckerchen am Boden suchen.
- Für die auslösenden Situationen kann ein Alternativverhalten eingeübt werden. Sie geben Ihrem Hund dann mit ruhiger Stimme zum Beispiel das Signal „sitz", sobald Sie den ersten Ansatz zum Beißeln (z.B. Unruhe, Anzeichen, dass der Hund hochspringen möchte) bemerken.
- Zeigt Ihr Hund das Beißeln nur leicht, dann sollten Sie es strikt ignorieren. Verschränken Sie die Arme vor dem Körper und wenden Sie sich ab. Geben Sie dazu ein bestimmtes Signal (z.B. „Jetzt nicht", nachzulesen in Anhang B), um Ihrem Hund Ihre Reaktion verständlich zu machen.

wenn er eines davon nimmt oder trägt. Üben Sie ein Spielzeugsignal mit ihm und benutzen Sie es, wenn Ihr Hund in „Beißel-Stimmung" kommt. Aber auch hier gilt wieder: Tun Sie das, bevor er an Ihnen herumbeißelt, sonst könnte er die Verknüpfung herstellen, dass er durch das Beißeln oder Zwicken an Ihnen ein nettes Spiel einleitet.

BESUCHERPROBLEME

Anzeichen: Aufregung (Bellen, Herumlaufen, Herumspringen, Kratzen an der Tür, Zerstören von Gegenständen…) bei der Wahrnehmung von Besuchern (Autogeräusche, Quietschen des Gartentors, Schritte im Flur oder auf der Treppe, Türklingel…). Gebell, Schreien, Hochspringen, Beißeln bei Eintreten der Besucher, auch nach längerer Zeit (20 Minuten) keine Beruhigung.

- Die Anwendung von „Auszeiten" kann bei intensiverem Beißeln helfen, zum Beispiel indem Sie nach Gabe eines entsprechenden Signals den Raum verlassen.
- In manchen Fällen ist das Beißeln ein aufmerksamkeitsforderndes Verhalten, sozusagen ein fehlgeleiteter Versuch, Kontakt herzustellen. Bei solchen Hunden ist es wichtig, dass alternative, erlaubte Verhaltensweisen vom Halter positiv beantwortet werden. Zu diesen Verhaltensweisen gehören zum Beispiel ruhiges Anschauen des Halters, Sitzen vor ihm, Lehnen gegen sein Bein oder das Aufnehmen eines erlaubten Gegenstandes.
- Beißeln kann auch als ein Versuch der Selbstberuhigung durch Maulstimulation verstanden werden. Deswegen sollten betroffene Hunde reichlich Gelegenheit haben, ihren Fang in erlaubter Weise einzusetzen, zum Beispiel beim Nagen eines Kauartikels oder beim Fressen aus einem Kautschukspielzeug.
- Verteilen Sie in der Wohnung Spielzeuge, die Ihr Hund gerne in den Fang nimmt. Loben Sie ihn,

MÖGLICHKEITEN DES MANAGEMENTS

Gleich klingelt's ☺

- Die Klingel wird ausgestellt.
- Der Hund trifft nicht mit Besuchern zusammen.
- Der Hund trifft die Besucher draußen, sozusagen auf neutralem Gelände. Nach der Begrüßung gehen die Besucher vor dem Hund ins Haus.
- Der Hund ist abwesend, bis die Besucher sich gesetzt haben. Sitzende Menschen wirken weniger stimulierend, weswegen viele Hunde „artig" bleiben, wenn sie sitzende Menschen begrüßen.
- Beim Anblick der Besucher wird Futter gestreut.

Ein gut sitzender Maulkorb kann helfen, unerwünschtes Beißeln zu vermeiden.

- Durch eine Hausleine kann der Hund daran gehindert werden, die Menschen zu bedrängen.
- Neigt der Hund zum Beißeln, dann kann ein Maulkorb helfen. Denken Sie hierbei an die vorherige schrittweise Gewöhnung. Lesen Sie dazu „Maulkorb-Training" im Anhang B. Manche Hunde nehmen bereitwillig ein Spielzeug als Ersatz-Ziel an.
- Ein Gitter trennt Besucher und Hund.
- Der Hund befindet sich kurzzeitig in einer Box (nach entsprechender Gewöhnung, lesen Sie dazu „Boxentraining" im Anhang B). Bleibt der Besuch länger als eine Stunde, dann ist es besser, den Hund in einem anderen Raum unterzubringen, wo er mehr Bewegungsfreiheit hat.
- Gegenstände zum Kauen lenken den Hund ab.

TRAININGSTIPPS

- Reagieren Sie nie wieder sofort auf die Türklingel. Wenn es klingelt, fahren Sie ruhig und entspannt mit Ihrer Tätigkeit fort und gehen erst nach ein paar Sekunden sehr entspannt in Richtung Tür. Vermeiden Sie dabei energische, hektische und deutlich zielgerichtete Bewegungen.
- Führen Sie ein Klingeltraining und das Training „Hinsetzen beim Hereinkommen von Besuchern" durch!
- Üben Sie Besuchssituationen mit Familienmitgliedern und Freunden, die sich bereitwillig an Ihre Anweisungen halten. Am besten machen Sie eine Liste von möglichen Personen, die Sie nach „Schwierigkeitsgrad" sortieren: Beginnen Sie mit Menschen, die für Ihren Hund nur geringgradige Aufregungsauslöser sind.
- Wenn Ihr Hund beim Kontakt zu Menschen auch außerhalb des Hauses sehr aufgeregt wird, dann kann es für ihn ratsam sein, Menschenkontakt zunächst auf „neutralem" Gelände zu üben, das bedeutet außerhalb der Räume und des Gebietes, welche der Hund als „Territorium" betrachtet. Aber Vorsicht! Manche ängstliche Hunde können sich im sicheren Zuhause viel schneller beruhigen als draußen.

Klingeltraining

Ein Klingelgeräusch kann gegenkonditioniert werden. Wichtig: Solange das Klingeltraining dauert, sollte die Türschelle ausgestellt werden, damit ihr Geräusch nicht das alte unerwünschte Verhalten hervorrufen kann. Alternativ kann das Klingeltraining mit einem neuen Klingelton durchgeführt werden, der nach Abschluss des Trainings den alten Ton ersetzen wird.

- Nehmen Sie sich Zeit.
- Lesen Sie die folgende Anleitung und überlegen Sie, an welchem Ort das Klingeltraining für Sie am einfachsten durchzuführen ist.
- Nehmen Sie eine Hand voll hochwertiger Leckerchen und halten Sie diese vor den Fang Ihres Hundes.

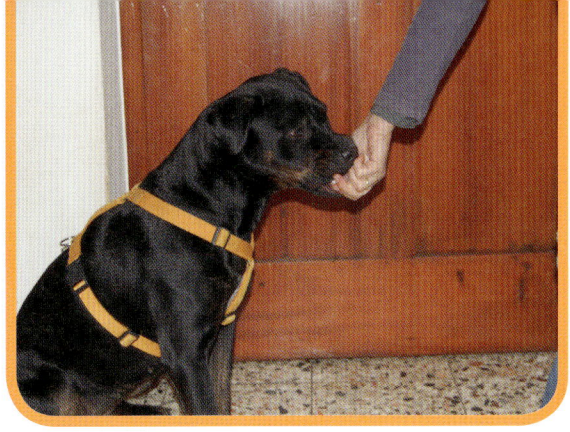

- Bitten Sie eine Hilfsperson die Klingel zu betätigen.
- Geben Sie sofort Ihr Markersignal und ein oder mehrere Leckerchen frei. Am besten eignen sich solche, auf denen Ihr Hund eine Weile kauen muss oder die Sie langsam nach und nach aus der Hand geben können. Denn bei der Freigabe der Leckerchen ist es Ihr Ziel, den Hund eine Zeit lang am Bellen zu hindern.
- Füttern Sie so lange, bis die Bellfreude abgeklungen ist.
- Wiederholen Sie dies mehrmals hintereinander. Steigt die Aufregung Ihres Hundes dabei stark an, beenden Sie das Training und helfen Sie ihm, zur Ruhe zu kommen. Führen Sie beim nächsten Mal nur eine Klingelübung durch und sorgen Sie dann sofort für Entspannung.
- Nach einigen Wiederholungen an mehreren Tagen können Sie testen, ob Ihr Hund nach Futter schaut, wenn es klingelt. Halten Sie die Leckerchen in der Hand bereit. Bitten Sie Ihre Hilfsperson zu klingeln und beobachten Sie Ihren Hund: Reagieren Sie beim allerersten Anzeichen dafür, dass Ihr Hund sich nach Futter umschaut, indem Sie sein Markersignal und Belohnungen geben.
- Ganz langsam erhöhen Sie nun die Zeitspanne zwischen Klingeln und Leckerchen. Wechseln Sie immer mal wieder zu kürzeren Zeiten, um Rückfälle zu vermeiden.
- Wenn die Zeitspanne groß genug ist, werfen Sie Ihrem Hund nach dem Klingeln die Leckerchen auf den Boden, am besten immer auf eine bestimmte Decke oder einen Teppich. So lernt Ihr Hund mit der Zeit, diesen Ort aufzusuchen, wenn es klingelt. Fortgeschrittene Hunde können erlernen, dort „Platz" oder „sitz" zu machen, bevor sie Leckerchen erhalten.

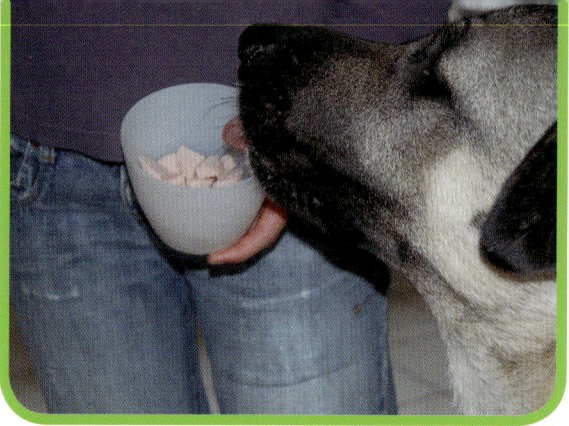

- Variieren Sie weiterhin den zeitlichen Abstand zwischen Klingeln und Leckerchen.
- Legen Sie die Leckerchen ins Regal oder auf einen Schrank. Greifen Sie erst nach dem Klingeln danach. Vergrößern Sie die Zeitdauer zwischen Klingeln und Leckerchengabe, bis Sie Zeit genug haben, eine größere Strecke zu den Leckerchen zurückzulegen.
- Üben Sie nun in allen Räumen des Hauses.

Hinsetzen beim Hereinkommen von Besuchern

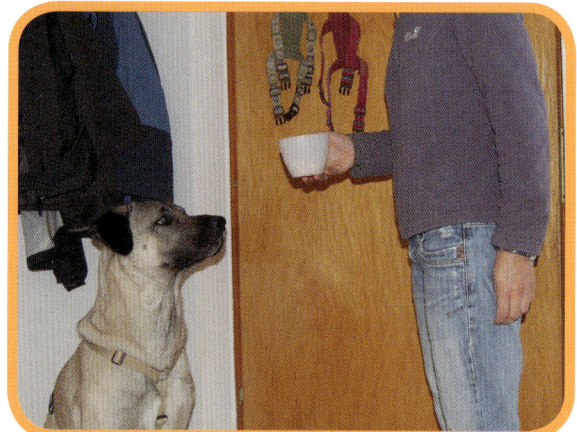

Der wichtigste Tipp zum Besuchertraining ist folgender: Zunächst sollten Sie selber und Familienmitglieder mit dem Hund üben. Wenn das gut klappt, können nach und nach weitere Personen ins Training einsteigen. Üben Sie zunächst in gestellten Trainingssituationen und nutzen Sie zufälliges Hereinkommen erst dann, wenn Ihr Hund schon in der Lage ist, Futter vom Boden zu suchen.

- Verwenden Sie eine „Sitzdose": Füllen Sie Leckerchen in eine farbige verschließbare Plastikdose, aus der Sie Ihren Hund bei jeder der folgenden Übungen füttern. So wird er den Anblick der Dose mit der Situation verknüpfen, und die Übung leichter auf Besucher übertragen.

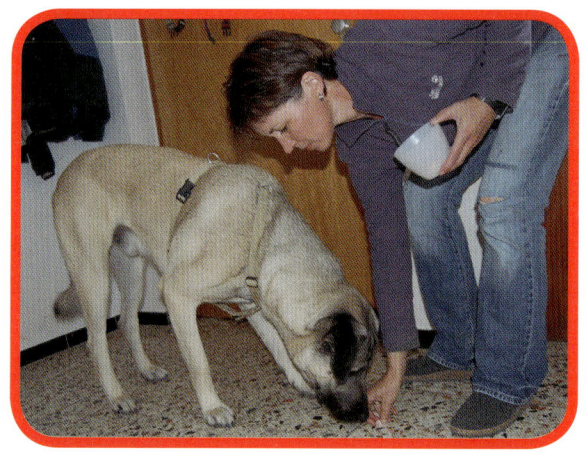

- So lernt er, die Dose mit Futtererwartung zu verknüpfen: Nehmen Sie die Dose zur Hand und streuen Sie Ihrem Hund Leckerchen zum Suchen auf den Boden. Das Futter sollte keinen Bewegungsreiz darstellen, der auf den Hund stimulierend wirkt. Verwenden Sie Leckerchen, die nicht rollen (z.B. Wurststückchen) und lassen Sie diese mit einer ruhigen Bewegung in der Nähe des Hundes zu Boden fallen.
- Nun kommt die Haustür ins Spiel (wenn Ihr Hund nun sehr aufgeregt wird, dann testen Sie, ob das Training ihm an einer Zimmertür leichter fällt): Gehen Sie zur Haus- oder Wohnungstür hinaus und kommen Sie sofort wieder herein. Werfen Sie

Ihrem Hund beim Hereinkommen in der beschriebenen Weise Leckerchen auf den Boden. Wiederholen Sie diesen Trainingsschritt, bis Ihr Hund nicht mehr springt, sondern am Boden sucht, wenn Sie hereinkommen.

- Wenn diese Übung in Trainingssituationen gut klappt, dann führen Sie sie jedes Mal durch, wenn Sie von draußen hereinkommen. Füttern Sie Ihren Hund so lange, bis seine Aufregung abgeklungen ist.
- Sucht Ihr Hund zuverlässig und springt gar nicht mehr? Dann werfen Sie beim nächsten Mal nur ein paar Leckerchen und lassen Ihren Hund danach „sitz" machen. Wenn nötig, helfen Sie ihm dabei, indem Sie ihn mit Leckerchen locken.
- Füttern Sie den sitzenden Hund solange, bis seine Aufregung abgeklungen ist. Merken Sie, dass dies für Ihren Hund sehr schwierig ist, können Sie ihm das Signal zum Aufstehen geben und ihn weiter am Boden suchen lassen.
- Setzt Ihr Hund sich gern und bleibt er auch sitzen? Dann werfen Sie keine Leckerchen mehr auf den Boden, sondern lassen ihn beim Hereinkommen sofort „sitz" machen und belohnen Sie ihn hierfür aus der Hand.
- Ganz allmählich können Sie nun versuchen, die Menge der Leckerchen zu reduzieren, indem Sie die zeitlichen Abstände zwischen zwei Leckerchen vergrößern.
- Übertragen Sie diese Übung nach und nach auf Besucher. In der Regel wird es dazu nützlich sein, dass Sie den Hund füttern (also Futter streuen oder zum „sitz" auffordern). Erst fortgeschrittene Hunde können vom Besucher selbst gefüttert werden.

BEDRÄNGEN VON GÄSTEN IM WOHNZIMMER UND AUFMERKSAMKEITSFORDERNDES VERHALTEN

Anzeichen: Die Menschen haben sich gesetzt. Der Hund zeigt Bellen oder andere Lautäußerungen, Stupsen, Reiben an Menschenbeinen, Bringen von Spielzeug, Anspringen, Springen auf den Schoß oder auf Möbel, Beißeln in Ärmel und Hosenbeine, Stehlen von Handtaschen, Taschentüchern oder Esswaren, Zerstören von Gegenständen.

MÖGLICHKEITEN DES MANAGEMENTS

- Hunde, die bei Anwesenheit von Besuchern sehr aufgeregt werden, können von Besuchern getrennt bleiben, bis ihr Verhalten insgesamt etwas ausgeglichener und lenkbarer geworden ist.
- Eine andere Möglichkeit besteht darin, Ihren Hund an den Aufenthalt in einer Box (nach entsprechender Gewöhnung, lesen Sie dazu „Boxentraining" im Anhang B) oder hinter einem Kindergitter zu gewöhnen und ihn dort mit einer Knabberei unterzubringen, wenn Gäste kommen.
- Wenn Ihr Hund frei laufen kann, ohne sehr lästig zu werden, achten Sie darauf, dass Sie sich immer zwischen Hund und Besuchern befinden. Beenden Sie

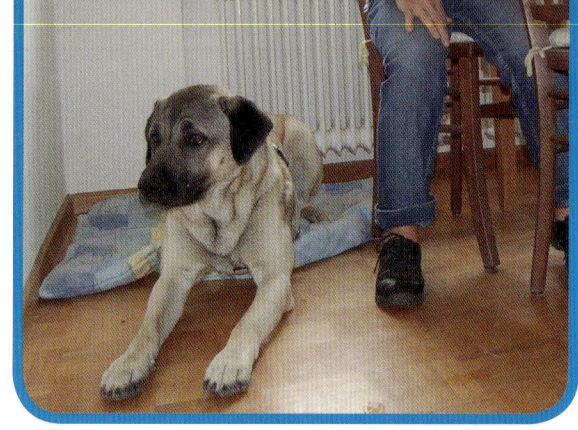

lästiges Verhalten, indem Sie sich zwischen Hund und Besucher schieben.

- Legen Sie ihm eine Hausleine an und halten Sie ihn zurück, wenn er sich Gästen nähert. Dabei sollte er nicht an der Leine zurückgerissen oder sehr eng bei Ihnen gehalten werden, sonst wird die Einschränkung seiner Bewegungsfreiheit ihn verunsichern und aufgeregter machen. Wenn Sie eine solche Hausleine verwenden möchten, sollten Sie Ihren Hund vorher an das Tragen der Leine im Haus und an das Zurückgehaltenwerden gewöhnen. So kann er dabei sein und sich auf erlaubte Weise beschäftigen.
- Viele Hunden reagieren, wenn ein Gast aufsteht und durch den Raum geht. Seien Sie vorbereitet: Halten Sie Ihren Hund zurück oder lenken Sie ihn ab!
- Ist Ihr Hund trotz Besuch dazu in der Lage, sich mit etwas anderem zu beschäftigen? Dann geben Sie ihm zum Beispiel ein futtergefülltes Spielzeug oder einen Kauknochen.

TRAININGSTIPPS

- Wenn Sie Ihren Hund frei zu den Besuchern lassen können, dann bitten Sie Ihre Gäste, sich ruhig zu verhalten und den Hund zu ignorieren, auch wenn er sie doch einmal bedrängt. Sie selber dürfen Ihren Hund loben, wenn er sich „artig" verhält, und ansprechen, wenn Sie bemerken, dass er unerwünschte Verhaltensweisen beginnen möchte.
- Folgende Technik sollten Sie zunächst ohne Gäste üben: Legen Sie eine bequeme Hundedecke neben Ihren Sitzplatz und halten Sie den Hund mit der Hausleine dort. Geben Sie ihm ein Signal zum Hinlegen oder belohnen Sie ihn, wenn er

sich unaufgefordert legt. Wenn Sie bereits eine „Liegedecke" aufgebaut haben, können Sie diese verwenden. Beherrscht Ihr Hund Entspannungstechniken, können diese nun durchgeführt werden. Liegt Ihr Hund ruhig, dann gewöhnen Sie ihn daran, dass sich Menschen (zunächst Familienmitglieder) im Raum aufhalten oder sogar bewegen.

- Haben Sie einen sehr unruhigen Hund, der aber in der Lage ist zu kauen, wenn Besucher da sind? Lassen Sie Ihren Hund zunächst nur kurze Zeit (z.B. nur so lange er auf seiner Decke einen Fellstreifen frisst) bei den Besuchern und bringen Sie ihn dann hinaus.
- Manche Hunde sind nur in der ersten halben Stunde unruhig. Wenn Sie diese Zeit gut überbrücken (z.B. mit einem Kauspielzeug) und ihn danach jedes Mal ablenken, wenn sich Gäste durch den Raum bewegen, dann kann ein solcher Hund die ganze Zeit mit dabei sein.

GESTÖRTE MAHLZEITEN, TELEFONATE, FERNSEHZEITEN...

Anzeichen: Hochspringen, Bellen, Springen über Möbel, Zerstören von Gegenständen, Stehlen von Essbarem, während der Mensch isst, telefoniert oder sich auf andere Weise beschäftigt.

MÖGLICHKEITEN DES MANAGEMENTS

- Schreiben Sie eine Liste von allen Situationen, in denen Ihr Hund mit diesem Verhalten beginnt. Notieren Sie auch, welcher Auslöser sein Verhalten in Gang setzt, zum Beispiel der Klingelton des Telefons oder Ihr Aufstehen in Richtung des Apparats.
- Verlassen Sie den Raum, bringen Sie den Hund hinaus oder kurzzeitig in eine Box oder leinen Sie ihn an, wenn Sie mit einer dieser Tätigkeiten beginnen.
- Geben Sie Ihrem Hund eine erlaubte Beschäftigung (Futtersuche am Boden, Kauen...), bevor er mit dem unerwünschten Verhalten beginnen kann!

TRAININGSTIPPS

- Wenn möglich ignorieren Sie sein Verhalten. Geben Sie ihm Zuwendung oder eine andere Belohnung, wenn er sich zur Ruhe begibt.
- Beginnen Sie immer wieder ganz kurz mit Ihrer Tätigkeit, wenn der Hund sich gerade ruhig verhält. Schauen Sie zum Beispiel zum Telefon, greifen Sie danach oder nähern Sie sich dem Telefontisch. Loben Sie Ihren Hund, wenn er nicht oder nur gering reagiert. Wiederholen und steigern Sie diese „Andeutungen" Ihrer Tätigkeit, bis Ihr Hund nicht mehr reagiert.
- Üben Sie ein Alternativverhalten, zum Beispiel das Sitzen oder Liegen auf einer bestimmten Decke. Wenn Ihr Hund dieses Verhalten gut beherrscht, dann trainieren Sie mit ihm, es in Auslösesituationen zu zeigen.

AUFBRUCH ZUM SPAZIERGANG

Anzeichen: Rennen, Springen, Beißeln, Jaulen, Bellen zu Beginn des Spaziergangs.

MÖGLICHKEITEN DES MANAGEMENTS

- Ihr Hund sollte möglichst spät bemerken, was Sie vorhaben. Sie können ihn zum Beispiel sein Geschirr den ganzen Tag tragen lassen oder bereits eine Stunde vorher anlegen. Schließen Sie die Tür zwischen sich und Ihrem Hund, bevor Sie sich für den Spaziergang zurechtmachen, und leinen Sie Ihren Hund erst unmittelbar vor dem Verlassen der Wohnung an.
- Lenken Sie ihn mit viel Futter auf dem Boden ab.
- Falls vorhanden, benutzen Sie einen anderen Ausgang als bisher.

TRAININGSTIPPS

- Woran erkennt Ihr Hund, dass ein Aufbruch unmittelbar bevorsteht? An Ihren Bewegungen oder Worten? (Sie teilen Familienmitgliedern mit, was Sie vorhaben, stehen auf und gehen in den Flur, greifen nach Schlüssel oder Mantel...)
- Führen Sie diese Handlungen über den Tag verteilt immer wieder aus, zunächst einzeln voneinander getrennt, später auch in Kombination. Wird er aufgeregt, wenn er dies sieht? Sorgen Sie dafür, dass er sich schnell wieder entspannt, oder loben Sie ihn, wenn er von selbst wieder zur Ruhe findet.
- Sagen Sie Ihrem Hund, was er statt seiner Unruhe tun soll! Wenn Ihr Hund „sitz", „Platz" oder „warte" gut beherrscht, kann er diese Verhaltensweisen ausführen, während Sie sich und ihn zum Spaziergang vorbereiten. Ist Ihr Hund zu aufgeregt dafür? Dann wählen Sie einen anderen Trainingstipp.
- Brechen Sie die Vorbereitungen zum Spaziergang sofort ab, wenn Ihr Hund ein unerwünschtes Ver-

halten zeigt. Legen Sie dazu fest, auf welches Kriterium Sie reagieren wollen, zum Beispiel den ersten Bell-Laut, Anspringen usw. Unterbrechen Sie Ihre Tätigkeit sofort und gehen Sie weg. Kündigen Sie dies immer mit einem Signal an, zum Beispiel indem Sie „Auszeit" sagen.

- Füttern Sie Ihren Hund innen vor der Tür, lassen Sie ihn hinaustreten und füttern Sie ihn sofort wieder. Dieser Trick unterbricht die Erwartung des Hundes, hinter der Tür aufregende Umgebungsreize zu finden und deshalb zu bellen oder an der Leine zu ziehen. Am besten üben Sie diesen Ablauf mit Ihrem Hund in einer ruhigen Minute ein! Damit erreichen Sie noch einen weiteren Effekt: Das Durch-die-Tür-Treten kündigt nicht mehr zuverlässig den Aufbruch zu einem Spaziergang an und verliert daher an emotionaler Bedeutung.

- Wenn Ihr Hund das Füttern gut annimmt, lehren Sie ihn ein bestimmtes Verhalten (z.B. Sitzen, Liegen oder Berühren Ihrer Hand), welches er vor und hinter der Tür zeigen darf.
- Gestalten Sie Ihre Spaziergänge so langweilig wie möglich – zumindest der Anfang und das Ende des Spazierganges sollten ruhig und uninteressant sein.

- Üben Sie das „bei Fuß"-Gehen mit Blick auf eine Targethand. Wenn notwendig, halten Sie dabei zunächst Futter in der Hand. Führen Sie Ihren Hund mit dieser Technik durch die Haustür und über die ersten Meter des Spazierganges. Wenden Sie diesen „Trick" nur bei Hunden an, die sonst übermäßig reagieren (z.B. Schreien oder Beißeln) und denen mit diesem Ritual geholfen werden kann, die ersten aufregenden Meter (z.B. durch den Hausflur, zum Grünstreifen oder zum Auto) zu bewältigen. Wenn Ihr Hund ruhiger geworden ist, können Sie die Dauer dieser Übung verkürzen oder zu einer anderen Technik wechseln.

- Folgende Tipps können ebenfalls helfen, die ersten aufregenden Meter zu bewältigen: Lassen Sie Ihren Hund immer wieder Futter am Boden suchen. Sie können ihn dazu ansprechen oder darauf warten, dass er Sie spontan anschaut. Verwenden Sie dazu hochwertiges Futter. Zu einem Zeitpunkt, an dem Ihr Hund etwas ruhiger ist (z.B. zum Ende des Spazierganges, oder indem Sie außerhalb der gewohnten Spaziergehzeiten extra zu diesem Zweck nach draußen gehen), lassen Sie ihn ausgiebig die Umgebung vor der Haustür erkunden. Aufgrund der großen Nähe zum Kernbereich seines Territoriums sind Gerüche fremder Hunde in diesem Bereich von großer Bedeutung für ihn.

UNRUHE BEIM AUTOFAHREN

Anzeichen: Hin- und Herbewegen, Auf- und Abspringen, Jaulen oder Bellen im stehenden und/ oder fahrenden Auto.

MÖGLICHKEITEN DES MANAGEMENTS
- Meiden Sie Autofahrten mit Ihrem Hund.
- Gewöhnen Sie Ihren Hund an den Aufenthalt in einer Box. Decken Sie die Box beim Autofahren ab, so dass Ihr Hund nicht durch Außenreize angeregt wird.
- Geben Sie Ihrem Hund beim Autofahren etwas zu kauen.
- Lassen Sie den Hund durch eine zweite Person ablenken.
- Geben Sie Ihrem Hund vor Autofahrten ein Beruhigungsmittel. Sprechen Sie diese Maßnahme aber unbedingt vorher mit einem Tierarzt ab und probieren Sie aus, ob das Mittel wirklich eine beruhigende Wirkung auf Ihren Hund hat. Denn bestimmte Beruhigungsmittel können bei manchen Hunden eine „paradoxe Wirkung" auslösen: Sie werden dann nicht ruhiger, sondern erheblich aktiver.

TRAININGSTIPPS
- Wenn Ihr Hund auf der Rückbank fährt, lehren Sie ihn, dort „Platz" zu machen.
- Machen Sie das Auto zum Ort der Entspannung: Lassen Sie Ihren Hund seine Mahlzeiten im Auto einnehmen oder dort ein Nickerchen machen. Dann darf er wieder aussteigen. Hat er sich daran gewöhnt, im Auto gelassen zu warten, dann setzen Sie sich dazu und lesen Sie Zeitung. Macht Ihr Hund das entspannt mit, dann geben Sie ihm etwas zu kauen und starten Sie für kurze Zeit den Motor. Steigern Sie diese Übungen, bis Sie eine kurze Strecke mit dem Auto fahren können.
- Machen Sie kurze Autofahrten, die zu Hause beginnen und zu Hause enden.
- Reagiert er auf bestimmte Außenreize, dann können Sie diese gegenkonditionieren.

SPAZIERGANG MIT DAUERZIEHEN, HÄUFIGEM KLÄFFEN UND ANDEREN UNERWÜNSCHTEN VERHALTENSWEISEN

MÖGLICHKEITEN DES MANAGEMENTS

- Planen Sie Ihren Spaziergang: Wo und wann können Sie spazieren gehen und dabei möglichst wenig stimulierenden Reizen begegnen? Wo kann Ihr Hund gefahrlos frei laufen, ohne andere zu belästigen?
- Halsbänder wirken stimulierend. Deswegen laufen viele Hunde in Brustgeschirren ruhiger.
- Testen Sie, wo Ihr Hund ruhiger läuft: In einer gewohnten Umgebung, in der er sich sicher fühlt, oder in einer fremden, die viele Schnüffelreize bietet? Gehen Sie dort spazieren, wo es am besten klappt.
- Probieren Sie aus, ob Ihr Hund ruhiger läuft, wenn Sie entspannt und langsam gehen oder wenn Sie zügig unterwegs sind.
- Manche Hunde laufen an langen Leinen (drei Meter oder mehr) oder Schleppleinen (fünf Meter oder mehr) erheblich ruhiger. Andere beginnen schneller zu laufen, wenn die Leine sehr lang ist. Probieren Sie das aus! Wählen Sie für die Leine ein Material, das Ihnen gut in der Hand liegt, nicht durch die Hand rutscht und nicht einschneidet.
- Vielleicht ist Ihr Hund noch nicht in der Lage, das ordentliche Leinegehen auf dem Spaziergang zu erlernen. Dann sollte er ein bequemes Brustgeschirr tragen, um Schäden an Wirbelsäule und Kehlkopf zu vermeiden. Gleichzeitig üben Sie das Leinegehen mit einer anderen Halsung (z.B. einem anderen Brustgeschirr) im Haus oder im Garten.
- Halten Sie Spaziergänge kurz. Ihr Hund braucht die Gelegenheit, sich zu lösen. Alle anderen Bedürfnisse können auch auf andere Weise befriedigt werden: Freilauf auf einer eingezäunten Wiese, Kontakt zu Hunden durch den Zaun oder im Freilauf, Beschäftigung zu Hause.

  Achtung: Nicht alle Hunde profitieren dauerhaft von kurzen Spaziergängen. Sobald das Verhalten Ihres Hundes sich bessert, sollten Sie versuchen, hin und wieder neue Umgebungen aufzusuchen oder die Spaziergänge zu verlängern.

TRAININGSTIPPS

- Ermöglichen Sie Ihrem Hund so viel und so lange zu schnüffeln, wie er will, jedoch ohne nachzugeben, wenn er an der Leine zieht. Fördern Sie Schnüffeln, indem Sie am Wegrand entlanggehen und stehen bleiben, sobald seine Nase sich senkt.
- Üben Sie das Fressen auf dem Spaziergang. Manche Hunde sind auf dem Spaziergang nicht in der Lage, Futter zu nehmen. Dies können Sie verändern: Wählen Sie eine ruhige Umgebung und besonders schmackhaftes Futter. Bieten Sie Ihrem Hund Futter an, ohne ihn zu bedrängen. Testen Sie, ob Futter auf dem Boden oder gerolltes Futter interessanter für ihn ist. Machen Sie das Futter interessant, indem Sie es auf diese Weise streuen, verstecken oder mit kleinen Übungen verbinden.

- Belohnen Sie Ihren Hund mit Markersignal und Futter, wann immer er auf dem Spaziergang zu Ihnen schaut, in Ihre Richtung läuft oder neben Ihnen auftaucht. Dies kann bedeuten, dass Sie recht viel füttern müssen. Freuen Sie sich, dass Sie so viele Gelegenheiten zur Belohnung haben! Denn dann können Sie nach und nach beginnen, auszusortieren: Belohnen Sie nur noch, wenn Ihr Hund gerade in langsamem Tempo unterwegs ist oder wenn er Sie mindestens eine Sekunde lang anschaut. Die ganz kurzen Blicke werden also nicht mehr belohnt. Haben Sie weiterhin viele Gelegenheiten zur Belohnung? Dann sortieren Sie weiter: Nun gibt es Leckerchen nur noch, wenn Ihr Hund neben Ihnen läuft. Aber Achtung: In schwierigen Situationen oder aufregenden Umgebungen dürfen Sie nach wie vor jede der genannten Verhaltensweisen belohnen!
- Wählen Sie zum Leinenführigkeitstraining eine Umgebung, in der Ihr Hund in der Lage ist, ohne zu ziehen an der Leine zu gehen, zum Beispiel im Wohnzimmer oder im Garten. Üben Sie immer wieder und belohnen Sie reichlich. Dehnen Sie Strecke und Zeitdauer langsam aus. Gelingt das, dann suchen Sie andere Umgebungen, wie zum Beispiel andere Räume, bestimmte Wiesen, Straßen oder Plätze, die Ihren Hund nur wenig stimulieren. Nach und nach üben Sie auch in schwieriger Umgebung. Hunde lernen umgebungsbezogen, daher kann sich Ihr Hund nach und nach alle Umgebungen erarbeiten. Wichtig ist jedoch Folgendes: Wenn Sie eine Umgebung in Ihr Repertoire aufgenommen haben, dann sollten Sie dort konsequent auf Leinenführigkeit achten.
- Brechen Sie den Spaziergang ab, wenn Sie bemerken, dass Ihr Hund in übergroße Aufregung gerät.
- Bauen Sie ruhige Suchspiele und kleine Übungen in den Spaziergang ein. Sie helfen Ihrem Hund, mit der Zeit immer besser ansprechbar zu werden.

- Trainieren Sie Auslöser für Bellen oder anderes unerwünschtes Verhalten mit den Methoden „Alternativverhalten" und „Gegenkonditionierung".
- Weitere Informationen zum Gehen an der Leine erhalten Sie in unserem Buch „Spiele für die Hundestunde" von C. Sondermann und M. Hense, in dem Buch „Leinenaggression" von C. v. Reinhardt oder bei einer guten Fachperson. Aber **Achtung:** Techniken mit Leinenrucks oder abrupten Richtungswechseln sind ungeeignet, denn sie fügen dem Hund Schmerzen zu, verunsichern ihn und sind daher ungeeignet, hyperaktives Verhalten zu mildern.

SCHWIERIGE BEGEGNUNGEN AUF DEM SPAZIERGANG

Anzeichen: Ziehen an der Leine, Vorwärtsstürmen, Bellen, Hochspringen, Schnappen, andere Drohverhaltensweisen bei Begegnungen mit Hunden, Menschen oder Fahrzeugen (im Folgenden als „Auslöser" bezeichnet), Umrichten dieser Verhaltensweisen auf den Hundehalter.

MÖGLICHKEITEN DES MANAGEMENTS

- Vermeiden Sie Begegnungen. Wählen Sie Zeiten und Orte zum Spazierengehen, an denen Sie niemanden treffen.
- Wählen Sie Gebiete, in denen Sie ausweichen können, wenn doch einmal jemand auftaucht.
- Weichen Sie so weit wie möglich aus (oder so weit wie notwendig, damit Ihr Hund ruhig bleibt), wenn Ihnen ein „Auslöser" entgegenkommt.
- Sichern Sie Ihren Hund sorgfältig, so dass er bei Begegnungen niemanden gefährden kann. Das bedeutet auch, dass Sie die Leine unauffällig kürzer nehmen, wenn die Sicherheit dies erfordert. So weit dies möglich ist, lassen Sie etwas „Spiel" in der Leine, denn eine angespannte Leine wirkt wie ein „Attacke-Signal"!
- Gehen Sie mit einer langen Leine spazieren? Dann lassen Sie die Leine niemals lang am Boden schleifen (z.B. indem Sie nur den Griff der Leine halten). Ihr Hund kann sonst erheblich Tempo gewinnen, bis er das Leinenende erreicht – und ist dann schwer zu halten!
- Befestigen Sie einen Ruckdämpfer an der Leine. Er mildert den Ruck, wenn Ihr Hund plötzlich losspringt.
- Trainieren Sie den sicheren Stand: Am besten können Tiere gehalten werden, wenn der Mensch in Schrittstellung steht, die Leine mit beiden Händen am Körper hält und sich gegen den Leinenzug lehnt. Dabei werden alle Muskeln, besonders die des Rumpfes, angespannt. Trainieren Sie diese Körperhaltung, damit Sie reflexartig reagieren können.
- Sollte dieser sichere Stand nicht möglich sein, dann versuchen Sie Ihren Hund rechtzeitig an einem Baum oder einer Laterne zu befestigen.
- Manchen Menschen hilft es, die Leine um den eigenen Körper zu schlingen oder einen Fuß darauf zu stellen. Aber Achtung: Für manche Teams entsteht durch diese Techniken eine Verletzungsgefahr!

- Entschuldigen Sie sich bei den verbellten Menschen, gehen Sie weiter und hören Sie sofort auf, sich über die vergangenen Minuten zu ärgern.

TRAININGSTIPPS

- Üben Sie mit Ihrem Hund Entspannungstechniken in der Spaziergangsumgebung.
- Bleiben Sie auf Spaziergängen gelassen! Begegnungsprobleme sind außerordentlich häufig, weil es für Hunde eigentlich zum Normalverhalten gehört, Eindringlinge im eigenen Streifgebiet – also auch fremde Hunde und Menschen auf dem Spaziergang – zu verbellen. (Dass trotzdem die allermeisten Hunde lernen, Fremde passieren zu lassen, ist also eine anerkennenswerte Leistung!) Sie sind mit diesem Problem also nicht allein. Versuchen Sie sich auf dem Spaziergang so weit wie möglich zu entspannen und halten Sie gelassen, nicht nervös sichernd, Ausschau nach eventuellen Auslösern.
- Bleiben Sie gelassen, wenn Ihr Hund loslegt. Halten Sie ihn einfach, warten Sie darauf, dass er aufhört, oder sprechen Sie ihn in ruhiger Weise an und führen Sie ihn weg. Bemerkt Ihr Hund, dass Sie zornig oder ängstlich sind, trägt dies dazu bei, dass er noch reizbarer wird. Verhalten Sie sich jedoch gelassen und sprechen Sie ruhig, so kann ihm dies helfen.
- Sie können sich und Ihrem Hund helfen, nach jedem Zwischenfall schnell wieder „normal" zu werden: Lassen Sie ihn sobald wie möglich ein paar Tricks oder Übungen machen. So wird sozusagen „sein Großhirn wieder eingeschaltet".
- Üben Sie ein Umkehrsignal. Trainieren Sie dies sehr gründlich, bis Ihr Hund „automatisch" darauf reagiert! (Lesen Sie dazu Anhang B.)
- Wenn Sie einen Auslöser treffen, dann weichen Sie aus! Benutzen Sie dazu das Umkehrsignal. Sie schlagen so zwei Fliegen mit einer Klappe: Eskalation wird verhindert – und Ihr Hund übt ruhiges

Weggehen als Alternativverhalten zu seinem bisherigen „Losbrüllen".

- Arbeiten Sie mit Gegenkonditionierung. Füttern Sie Ihren Hund, sobald er den Auslöser gesehen hat, indem Sie Futter auf den Boden werfen. Setzen Sie dies fort, solange Ihr Hund Futter nimmt oder bis der Auslöser verschwunden ist.
- Sobald dies möglich ist, bitten Sie Ihren Hund um seine Aufmerksamkeit (z.B. mit einem Aufmerksamkeitssignal) und belohnen ihn immer wieder dafür, dass er Sie in den auslösenden Situationen anschaut. Beachten Sie jedoch: Erlauben Sie Ihrem Hund immer wieder, den Auslöser zu betrachten, damit er ihn kennen und ertragen lernen kann.
- Trainieren Sie in vorbereiteten Situationen! Stellen Sie Begegnungssituationen her, indem Sie einen Freund bitten, mit seinem Hund in weiter Entfernung aufzutauchen und wieder zu verschwinden. Die Entfernung muss in jedem Fall so weit gewählt werden, dass Ihr Hund ruhig beim Anblick des Artgenossen bleiben kann. Erst langsam und allmählich wird diese Distanz dann verringert. Üben Sie diese Situation, bis Sie und Ihr Hund sie gut beherrschen. Eine genauere Beschreibung dieses Trainings finden Sie in dem Buch „Calming Signals Workbook" von C. v. Reinhardt und M. Scholz.
- Lassen Sie sich beim Begegnungstraining von einer Fachperson helfen.

Trifft Ihr Hund genug andere Hunde? Passiert das nur selten, dann hat jede Begegnung eine große Bedeutung für ihn! Die nachfolgenden Tipps helfen Ihnen bei der Gestaltung von Hundekontakten:
- Gibt es Hunde oder Menschen, mit denen Ihr Hund sich gut versteht und mit denen er vergleichsweise ruhig umgehen kann? Treffen Sie sich mit diesen zu einem ruhigen Spaziergang. Verhindern Sie, wenn möglich, ungestümes Spiel.
- Nehmen Sie mit Ihrem Hund an einem gut geführten „social walk" teil. Das sind Spaziergänge mit mehreren Hunden, die sorgfältig gestaltet werden, so dass sich alle Hunde „angemessen" verhalten können. Ist Ihr Hund während oder nach einem social walk aufgeregt oder sogar überdreht, dann wurde dieser entweder nicht fachgerecht durchgeführt oder es ist für Ihren Hund noch zu früh, an ihm teilzunehmen.
- Bei vielen Hunden können Begegnungsprobleme erst dann besser werden, wenn sie ausgeglichener und lenkbarer geworden sind. Bis dahin sollten Sie versuchen, ungeplante Begegnungen zu vermeiden.

ÜBERMÄSSIG WILDES SPIEL MIT ANDEREN HUNDEN

Anzeichen: Sehr schnelles, sehr körperbetontes Spiel mit Umrennen, häufigem Rempeln, schlecht gehemmtem Beißen; die „Stoppsignale" der anderen Hunde (Beschwichtigungssignale, leichte Drohungen, der Versuch zu entkommen) werden nicht erkannt.

Gedanken

keit.
eit.

eit.

it.

nenheit.

en muss durchs Himmelsblau
d so ganz genau.

en Blumen wie mit seiner Frau?
d so ganz genau.

nur Liebe zwischen Mann und Frau?

Dezimierung
- So stoppst du deinem HG
  in jeder Situation 100 %iges
  Misburchsig neu

- Wie du deinem Hd Bleib beibringst
  (Grundvoraussetzung)

- Junghund ist nicht zur Wiesensee
  die Grenzen setzig u. Trübig werden.

- Aggression gegen fremde Hd
- Leinenführigkeit
- Vermeide eine Fehler beim Hd kentel
- Junghund richtig erzielen
- Rückruftraining

MÖGLICHKEITEN DES MANAGEMENTS

- Suchen Sie ruhige ältere Hunde, die Ihren Hund nicht besonders interessieren, und gehen Sie zusammen mit diesen spazieren.
- Gestatten Sie Freilauf nur in Umgebungen, die genug Umgebungsreize bieten, um den Hund von seinen Spielkameraden abzulenken.
- Unangeleinter Hundekontakt gelingt auf Hundeplätzen oder in Räumen am ehesten, wenn sehr viele Gegenstände herumliegen oder –stehen (Stühle, Kartons, Geräte, Eimer, Decken, Spielzeuge, Wassernäpfe...). Diese Dinge lenken die Hunde voneinander ab. Außerdem kann es hilfreich sein, wenn es nicht genug Raum gibt, um im Rennen zu beschleunigen. Eine solche Strukturierung ist für manche Hunde außerordentlich hilfreich. Aber Achtung: Bei anderen führt „Enge" zu Frustration und damit zu Stimulierung!
- Wenn Ihr Hund mit anderen Hunden frei läuft, sollten Sie nicht auf einem Fleck stehen bleiben. Gehen Sie stattdessen spazieren. So bieten Sie zusätzliche Ablenkung!
- Ist Ihr Hund zu ruhigen Begrüßungen in der Lage oder kann er kurze Zeit ruhig spielen, bevor das Spiel kippt, dann erlauben Sie ihm diese kurzen Zeitspannen, bevor Sie ihn wieder anleinen.
- Manche Hunde kommen mit plötzlichen Begegnungen (Beispiel: an einer Hausecke steht plötzlich ein Hund vor Ihnen) besser zurecht als mit langsamer Annäherung. In solchen Fällen können bei geplanten Hundetreffen Auto-Ecken, Hecken oder andere Sichtschutzelemente benutzt werden, um den Begegnungspartner plötzlich auftauchen zu lassen. Andere Hunde geraten gerade bei diesen plötzlichen Begegnungen stark unter Stress, bei ihnen sollten diese Situationen also vermieden werden.
- Wenn Ihr Hund auch unter solchen Bedingungen ausschließlich sehr wüst spielt: Lassen Sie freies Spiel nicht zu. Führen Sie stattdessen einen social walk durch oder nehmen Sie an einem solchen teil.
- Meiden Sie Spielgruppen!

TRAININGSTIPPS

- Unterbrechen Sie wildes Spiel durch „Splitten" (Sie schieben sich zwischen die Hunde), Abrufen oder Einfangen Ihres Hundes.
- Nehmen Sie an gut geführten social walks teil.
- Manche Hunde sind einfach zu aufgeregt für bewegten Hundekontakt. Als Alternative zum Freilauf oder zum social walk bieten sich für diese Hunde Entspannungsübungen an. Wenn sich Ihr Hund zum Beispiel sehr gut auf „Langeweilespiele" einlassen kann, dann können Sie diese nutzen: Treffen Sie sich mit einem anderen Team und setzen Sie sich einfach gemütlich hin. Auch andere Techniken wie das Streicheln können dann zur Anwendung kommen. Ein Zaun zwischen den Hunden kann hilfreich sein, weil die Menschen sich sicherer fühlen und eher entspannen können. Auf diese Weise lernen die Hunde, ruhig miteinander zu sein. Nach einigen Wiederholungen kann sich ein social walk anschließen, auf dem die Hunde viel entspannter sind!

- Üben Sie den ruhigen angeleinten Kontakt zu anderen Hunden mit Hilfe einer Fachperson. Eine wichtige Voraussetzung dafür ist, dass Ihr Hund ruhig an anderen Hunden vorbei oder in ihre Nähe gehen kann. Es gibt viele gute Methoden, Ihrem Hund ein solches Verhalten beizubringen! Ist er dazu in der Lage, können Sie beginnen, ganz kurzen Kontakt zu erlauben. Loben Sie ruhiges und friedliches Verhalten, und unterbrechen Sie den Kontakt durch ein Umkehrsignal, solange Ihr Hund noch ruhig ist. Belohnen Sie ihn reichlich!
- Suchen Sie einen Ort, an dem ein Zaun Ihren Hund von dem anderen trennt. Lassen Sie Schnupperkontakt zu und lenken Sie Ihren Hund dann immer wieder mit Futter ab, so dass er nicht übermäßig „aufdrehen" kann.
- Lassen Sie Ihren Hund möglichst niemals zu anderen Hunden oder Menschen, wenn er an der Leine zieht! Dies ist wichtig, da die Spannung der Leine den Hund stark stimulieren kann: Der nachfolgende Kontakt wird umso aufgeregter. Das Ziehen zeigt im Übrigen an, dass der Hund schon vor dem Kontakt nicht in der Lage ist, seine Impulse zu kontrollieren. Versuchen Sie also, dies zu vermeiden! Üben Sie das Leinegehen mit einem verlockenden Ziel (z.B. einem Gegenstand am Boden). Bei Hundekontakten kann Folgendes helfen: Gehen Sie niemals direkt auf einen anderen Hund zu, sondern im Zickzack oder im Bogen. Lenken Sie Ihren Hund mit Futter ab.

Üben Sie den ruhigen Kontakt zu anderen Hunden insbesondere auch an der Leine.

PHASEN MIT WILDEM RENNEN

Anzeichen: Plötzliches Loslaufen mit hohem Tempo, häufig in großen Kreisen, dabei oft weite Entfernung vom Menschen, Übergang in Jagen (auch von Autos, Radfahrern oder Joggern) möglich.

MÖGLICHKEITEN DES MANAGEMENTS

- Viele Hunde brauchen Rennanfälle als Ventil in Überforderungssituationen. Ihnen sollte dieses Verhalten nicht völlig verboten werden.
- Sehen Sie auslösende Situationen für Rennanfälle voraus und vermeiden Sie diese, oder leinen Sie Ihren Hund an oder lenken Sie ihn ab, wenn die auslösende Situation entsteht.
- Bei vielen Hunden kann am Verhalten (z.B. Stressanzeichen, zunehmende Unruhe) erkannt werden, dass ein Rennanfall bevorsteht. Dann kann dies – wenn notwendig – durch Anleinen oder Festhalten verhindert werden. Bieten Sie Ihrem Hund dann sofort eine andere Beschäftigung an (wie unter „Trainingstipps" beschrieben).
- Lassen Sie Ihren Hund nur in sicherer Umgebung von der Leine und gönnen Sie ihm seine Rennanfälle.
- Führen Sie ein Tagebuch: Notieren Sie die Umgebungen, in denen diese Phasen auftreten, was Ihr Hund unmittelbar vorher angeschaut oder berochen oder auf andere Weise erlebt hat und wie Sie sich verhalten haben. Versuchen Sie auf diese Weise herauszufinden, ob es einen Auslöser für das Verhalten Ihres Hundes gibt.
- Bleiben Sie selber gelassen! Die menschliche Stimmung (Aufregung, Angst oder Wut) kann ganz erheblich dazu beitragen, dass der Hund immer öfter einen Rennanfall bekommt – und dass dieser länger als nötig andauert.

TRAININGSTIPPS

- Üben Sie sehr sorgfältig den Abruf (am besten einen Pfiff) ein, damit Sie den Rennanfall im Notfall unterbrechen können.
- Arbeiten Sie mittels Stress-Management (insbesondere durch Entspannungstechniken) an der Ausgeglichenheit Ihres Hundes. Dies ist außerordentlich wichtig. Wenn das Leben Ihres Hundes für ihn unangenehm ist, dann kann er immer wieder versuchen, sich durch Rennen zu erleichtern.
- Belohnen Sie jeden spontanen Kontakt Ihres Hundes zu Ihnen.
- Trainieren Sie die Auslöser für Rennanfälle mit den Techniken der Gegenkonditionierung und durch Kombination mit Entspannungsübungen.
- Rennanfälle führen vermutlich zur Ausschüttung innerer Genussstoffe. Daher sind sie selbstbelohnend. Wenn Sie Stress-Management betreiben und die Auslöser für das Rennen gefunden und reduziert haben, und die „Rennereien" weiterhin häufig auftreten, dann können Sie beginnen, diese zu verhindern oder zu unterbrechen.
- Bei den ersten Anzeichen für einen bevorstehenden Rennanfall (Ihr Hund beginnt z.B. unruhiger zu werden und/ oder bekommt ein „Stress-Gesicht"), oder wenn Sie einen solchen

unterbrochen haben, wird dem Hund eine andere Beschäftigung (z.B. Schnüffeln an einer Stelle, wo vermutlich andere Hunde uriniert haben, Futtersuche am Boden, etwas zu kauen, Tragen eines Spielzeuges) angeboten oder eine Entspannungstechnik durchgeführt.

BELLEN, BELLEN, BELLEN

Anzeichen: Wiederkehrende anhaltende Bellphasen.

MÖGLICHKEITEN DES MANAGEMENTS

- Führen Sie Tagebuch, um herauszufinden, ob es bestimmte Zeiten oder Anlässe für Bellphasen gibt.
- Vermeiden Sie Anlässe für Bellphasen: Dämpfen Sie Geräusche von draußen durch ein laufendes Radio, stellen Sie die Klingel aus oder bringen Sie den Hund in einen ruhigen Raum, wenn Sie vermuten, dass eine Bellphase bevorsteht.
- Kennen Sie den Auslöser? Füttern Sie Ihren Hund oder fordern Sie ihn zu einem Alternativverhalten auf, bevor er losbellen kann.
- Erklären Sie den Nachbarn, dass Sie am Bellen arbeiten werden, weswegen Ihr Hund in den nächsten Tagen möglicherweise etwas häufiger bellen wird. Kaufen Sie sich geräuschdämpfende Ohrenstöpsel oder Ohrenschützer.

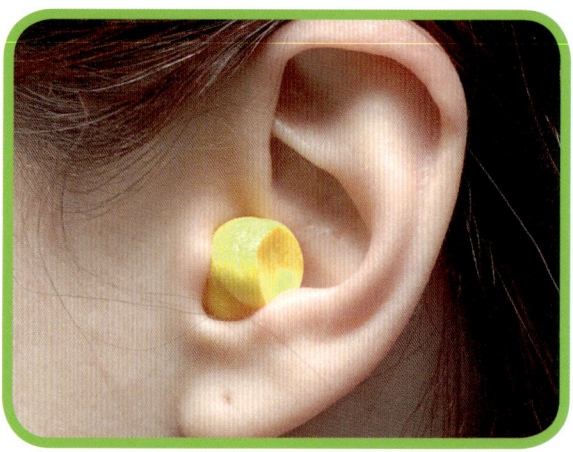

- Geben Sie Ihrem Hund so viel Auslastung, dass er erschöpft schläft, wenn er zu Hause ist. Diese Maßnahme kann aber auch Nebenwirkungen haben. Lesen Sie dazu im Kapitel: „Ungeeignete Maßnahmen".
- Unterbrechen Sie Bellphasen, sobald Sie beginnen. Je nach Situation und Hund können folgende Tricks nützlich sein: Lassen Sie etwas fallen, geben Sie einen No-Reward-Marker (wenn Ihr Hund diesen schon gut kennt), ein „Jetzt-Nicht-Signal", ein Ruhesignal oder fordern Sie Ihren Hund zu einem Alternativverhalten auf. (Mehr zu den Signalen erfahren Sie in Anhang B.)

TRAININGSTIPPS

- Fertigen Sie unbedingt ein Calmometer an!
- Führen Sie ein sehr gründliches Stress-Management inklusive Entspannungstechniken durch!
- Vermeiden Sie für mehrere Wochen alle bekannten Auslöser für das Bellen.
- Vermeiden Sie so konsequent wie irgend möglich, dass irgendetwas Angenehmes passiert, wenn der Hund bellt (z.B. ein Anschauen des Hundes oder ein Wechsel der Aktivität des Menschen).
- Längere Bellphasen sind selbstbelohnend und sollten daher so schnell wie möglich unterbrochen werden. Leider kann jede Möglichkeit, das Bellen zu unterbrechen, ebenfalls belohnend sein oder – bei Anwendung unangenehmer Maßnahmen – unerwünschte Nebenwirkungen haben, indem Ihr Hund kurzzeitig ruhig, aber insgesamt aufgeregter wird.
- Trainieren Sie bekannte Auslöser mittels Gegenkonditionierung und Alternativverhalten.
- Belohnen Sie Ihren Hund immer, wenn er in typischen Bellsituationen schweigt. Als Belohnung können Zuwendung oder Futter dienen. Beobachten Sie dabei: Machen Leckerchen Ihren Hund in dieser Situation etwas aufmerksamer oder aufgeregter? Dann verzichten Sie darauf!
- Belohnen Sie Ihren Hund mit Anschauen, Lob oder Leckerlis, wenn er zu bellen aufhört. Warten Sie dazu mindestens drei schweigende Sekunden, besser noch fünf Sekunden ab!
- Auch sorgfältig durchgeführte „Auszeiten" können hilfreich sein.

Haben Sie Hilfen für sich und Ihren Hund gefunden? Mit Hilfe des Calmometers können Sie feststellen, welche Maßnahmen wirklich weiterhelfen.
Es gibt unendlich viele gute Tricks und Tipps für schwierige Situationen. Sollte bei dieser Auswahl keiner für Sie und Ihren Hund dabei sein, dann machen Sie sich auf die Suche nach weiteren: Überlegen Sie selber oder fragen Sie gute Fachleute.

ANHANG B
Nützliche Signale für hyperaktive Hunde

ANHANG B
Nützliche Signale für hyperaktive Hunde

Auch hyperaktive Hunde können Signale erlernen. Um schnell erfolgreich zu sein, lesen und beachten Sie die Tipps im Anhang C „Der hyperaktive Hund im Training"!

Das Training von Signalen – insbesondere von Ausdauersignalen wie „sitz", „Platz" und „bleib" und von Aufmerksamkeitssignalen – ist nicht nur ausgesprochen nützlich für den Alltag, es wirkt auch therapeutisch auf hyperaktive Hunde. Impulskontrolle und Frustrationstoleranz werden verbessert. Ein optimales Signaltraining vergrößert die Bedeutung des Menschen und macht sie positiver. Insgesamt werden die Hunde geduldiger, können sich nach und nach besser konzentrieren und orientieren sich stärker am Menschen.

WELCHE SIGNALE BRAUCHEN SIE?

Folgende Signale haben sich im Umgang und in der Therapie von hyperaktiven Hunden bewährt. Ihr Hund muss jedoch nicht alle beherrschen. Für jeden Hund sind andere Signale nützlich! Wählen Sie also aus und trainieren Sie die Signale, die Sie für Ihren Hund brauchen, sehr sorgfältig und mit viel Geduld. Nur ein gut aufgebautes Signal wird Ihnen mit Ihrem Hund weiterhelfen.

Die nachfolgenden Signale werden nur dann ausführlich erklärt, wenn für hyperaktive Hunde Besonderheiten bestehen, oder wenn der Aufbau dieser Signale nicht durch jeden guten Trainer oder ein gutes Hundeerziehungsbuch erläutert wird.

MARKERSIGNAL

Da hyperaktive Hunde oft sehr schnell sind, kann das präzise Timing einer Belohnung schwierig sein. Ein Markersignal hilft bei dieser Präzision. Es kündet eine Futterbelohnung an. Das üblichste Markersignal ist das „Click" eines Clickers. Es können aber auch Worte (z.B. „Click") oder Geräusche (z.B. ein Zischen oder Schnalzen) benutzt werden.

Ihr Hund kann sein Markersignal auf folgende Weise erlernen: Zunächst üben Sie selber das Signal, bis Sie es gleichförmig äußern können. Nehmen Sie dann mehrere Futterbröckchen in die Hand. Machen Sie das Signal und geben Sie Ihrem Hund sofort ein Leckerchen. Wiederholen Sie dies fünf bis zehn Mal. Testen Sie dann, ob Ihr Hund beginnt, eine Verknüpfung herzustellen: Warten Sie einen Augenblick ab, bis Ihr Hund den Kopf von Ihnen abwendet und geben Sie dann das Signal. Reagiert er mit Zuwendung und Futtererwartung? Dann hat er begonnen, das Signal zu erlernen. Wiederholen Sie diese Übungen an mehreren Tagen und beginnen Sie dann, das Markersignal im Gehorsamstraining einzusetzen. Dabei ist wichtig: Das Markersignal dient nicht zum Herstellen von Aufmerksamkeit! Es dient allein zur Belohnung des Hundes.

Stark ablenkbaren Hunden hilft es, wenn die Leckerchenhand beim Erlernen dieses Signals zunächst direkt an ihrer Schnauze ist. Der Geruch des Futters hilft, andere Reize zu verdrängen. Geben Sie unmittelbar nach dem Markersignal ein Leckerchen aus der Hand in die Schnauze. Nach jedem Schlucken des Hundes sollte schnell das nächste Markersignal mit Futtergabe erfolgen. Mit der Zeit vergrößern Sie die Abstände zwischen den Futtergaben und die Entfernung zwischen Hand und Schnauze.

Bei Hunden, die stark auf Frustration reagieren, kann das Signal „Such" (s.u.) mit nachfolgender Futtersuche am Boden als Markersignal dienen. Wenn Sie für einen frustrationsintoleranten Hund ein Markersignal mit Fütterung aus der Hand einführen wollen, wechseln Sie einfach mit der Futtersuche am Boden ab: Geben Sie erst das Markersignal und ein Leckerchen aus der Hand, dann sagen Sie „Such" und werfen Sie Futter auf den Boden. Mit der Zeit können Sie zweimal Futter aus der Hand geben, bevor Sie ihn am Boden suchen lassen, oder den Zeitabstand zwischen Handfütterung und Bodenfütterung langsam steigern. Wenden Sie diese Signale sehr bald in einer Übung an, zum Beispiel beim Sitzen auf Signal: Dann geben Sie dem sitzenden Hund sein Markersignal und belohnen Sie ihn aus der Hand. Füttern Sie dabei mit ruhigen Bewegungen und von oben, dann fällt es Ihrem Hund leichter, beim Fressen sitzen zu bleiben. Nun warten Sie kurz, sagen „Such" und beenden die Übung mit Futtersuche am Boden. Wenn das ohne Aufregung gelingt, geben Sie dem sitzenden Hund nacheinander zwei Markersignale (jeweils mit Futterbelohnung), bevor er am Boden suchen darf. Klappt auch das, experimentieren Sie mit drei Markersignalen oder mit allmählicher Verlängerung der Zeitdauer zwischen zwei Belohnungen.

Übrigens hilft es manchen dieser Hunde, wenn sich das Futter nicht in Ihrer Hand, sondern in einem Gefäß, zum Beispiel auf dem Regal, befindet, und Sie erst nach dem „Markern" danach greifen.

Es gibt allerdings Hunde, bei denen kein Markersignal angewendet werden sollte, weil sie sich schon bei der Ankündigung von Futter so sehr freuen und diese Freude so sehr zeigen, dass es für den Menschen unangenehm wird. Außerdem steigt ihr Erregungslevel zu stark an. Arbeiten Sie bei diesen Hunden einfach mit Loben (mit wechselnden Worten, sonst wird Ihr Lobwort zum Marker) und Futtergabe.

„SUCH"

„Such" kann ebenfalls zur Belohnung eingesetzt werden. Dies ist bei frustrationsintoleranten Hunden und bei solchen, die den Menschen gelegentlich zu sehr bedrängen besonders hilfreich. Bei ihnen wenden Sie einfach in allen Situationen, in denen sonst ein Markersignal mit Belohnung eingesetzt wird, dieses „Such"-Signal an.

Es ist ganz einfach zu erlernen: Werfen Sie nach dem Signal Futterbröckchen auf den Boden, so dass Ihr Hund sie aufsuchen kann. Beachten Sie dabei, dass hyperaktive Hunde oft zunächst schlechte Sucher sind: Sie suchen nur kurz oder nur oberflächlich und finden dabei nichts. Verwenden Sie daher zunächst sehr schmackhafte, stark riechende und größere Leckerchen, und lassen Sie Ihren Hund auf einem glatten Boden suchen, der zur Farbe der Leckerchen einen großen Kontrast darstellt. Achten Sie außerdem darauf, dass Ihr Hund das Futter in Ihrer Hand sieht und die Bewegung Ihrer Hand und die Flugbahn des Futters beobachtet. Die Bewegungen werden sein Interesse verstärken.

KEEP GOING-SIGNAL

Bei Ausdauerübungen wie „sitz", „Platz", „bei Fuß" oder dem längeren Halten des Blickkontaktes hilft es, wenn Sie Ihrem Hund mitteilen, dass er es richtig macht, weitermachen soll – und dass gleich seine Belohnung kommt. Verwenden Sie dazu ein bestimmtes „Weitermachsignal" (englisch: „Keep Going-Signal"), zum Beispiel „richtig" oder „go on". Sagen Sie es in ruhigem, etwas langgezogenem Tonfall.

Führen Sie es in einer Übung ein, die Ihr Hund bereits beherrscht, zum Beispiel das Laufen über einen Baumstamm, das Suchen am Boden oder das Herbeikommen auf Ruf. Begleiten Sie das Verhalten des Hundes mit Ihrem Keep Going-Signal, geben Sie dann das Markersignal und die Belohnung (z.B. „richtig – click" und Gabe der Belohnung). Es ist dabei wichtig, dass Ihr Hund das Verhalten nicht unterbricht. Führen Sie das neue Signal daher in den letzten Sekunden vor der Belohnung ein, wenn Sie sicher sind, dass Ihr Hund weitermacht. So lernt er, dass dieses neue Signal dem Markersignal vorausgeht. Nach ein paar Wiederholungen können Sie die Anzahl der Keep Going-Signale steigern (z.B. „richtich-tich-tich-tich – Click"; wird "Click" als Wort verwendet, dann sollte das "g" in "richtig" weich („ch") ausgesprochen werden, um Verwechslungen zu vermeiden).

Verwenden Sie dieses Signal im Training, wenn Sie die Ausdauer (z.B. beim „bei Fuß"-Gehen) ausbauen wollen, oder um die Fokussierung auf Sie, zum Beispiel beim Herbeikommen auf Ruf, zu unterstützen.

AUFMERKSAMKEITSSIGNAL

Hört der Hund dieses Signal, so soll er seinen Menschen anschauen. Beispiele sind „schau", „watch" oder „guck mal". Der direkte Blickkontakt zwischen Hund und Mensch, also das „In-die-Augen-Schauen" macht manche Hunde unruhig. Bei ihnen reicht es aus, wenn sie ihren Menschen auf den Bauch oder auf die Hand schauen.

Sie können ein solches Signal benutzen, wenn Ihr Hund einen Auslöser entdeckt, der mit hoher Wahrscheinlichkeit für Aufregung sorgen wird, wie zum Beispiel ein anderer Hund. Mit Hilfe des Aufmerksamkeitssignals orientieren Sie den Blick des Hundes zu Ihnen, und unterbrechen so den Anstieg der Aufregung. Beachten Sie jedoch, dass Sie es schnell einsetzen müssen, wenn Ihr Hund den Auslöser entdeckt. Kommt das Signal zu spät, dann ist Ihr Hund möglicherweise bereits zu aufgeregt und kann nicht mehr reagieren.

Und es gibt noch einen weiteren Nutzen: Verlängert man im Training nach und nach die Dauer des Blickkontaktes, so kann dies eine gute Übung zum

Fokussieren und zur Impulskontrolle sein. Hierbei kann das Bananenspiel (beschrieben im Kapitel „Wichtige Werkzeuge") eingesetzt werden. Beachten Sie jedoch, dass das lange Anschauen häufig eine gebogene Haltung des Halses verursacht. Es ist daher anstrengend für den Hund! Bauen Sie es sehr langsam auf und verwenden Sie es auch beim sehr fortgeschrittenen Hund nie länger als ein oder zwei Minuten.

UMKEHRSIGNAL

Dieses Signal kündigt eine „geordnete Flucht" an: Es sagt dem Hund, dass er nun aus einer Situation herausgeführt wird. Das abrupte Umkehren kann bei Hunden, die stark auf Bewegungen reagieren, zu Hochspringen oder sogar zu Beißeln führen. Diese Reaktion können Sie vermeiden, indem Sie beim Trainieren dieses Signals unmittelbar nach dem Umkehren Leckerchen auf den Boden werfen. Nach einigen Wiederholungen bieten Sie die Leckerchen dann aus der Hand an. Halten Sie dazu mehrere Leckerchen in der Hand, bringen Sie diese beim Umkehren direkt vor den Fang Ihres Hundes, um sie dann nach und nach freizugeben. Wenn notwendig, werfen Sie die letzten ein oder zwei Bröckchen auf den Boden.

FOLGESIGNAL

Es bedeutet „Komm mit!" und fordert den Hund auf, mit Ihnen zu gehen oder Ihnen zu folgen. Ein Hörsignal wie „wir gehen hier", „komm mit" oder „weiter" kann dabei durch eine weisende Handbewegung unterstützt werden. Ihr Hund wird sich dabei von dem abwenden, das ihn gerade interessiert hat.

Testen Sie zunächst, ob Ihr Hund Ihnen nachfolgt, indem Sie von ihm weggehen. Belohnen Sie ihn, wenn er mitkommt. Beim nächsten Mal sagen Sie das Folgesignal, bevor Sie weggehen. Beobachten Sie Ihren Hund und geben Sie das Markersignal exakt dann, wenn er die erste Bewegung zum Mitkommen (Kopf heben, Ihnen zuwenden) macht. Belohnen Sie ihn vom Boden oder aus der Hand.

HANDTARGET

Diese wichtige Übung ist bei den Fokusübungen bereits erklärt worden. Auch wenn Ihr Hund nicht zu denen gehört, die dieses Fokustraining brauchen, werden Sie trotzdem vom Handtarget profitieren, denn es hilft Ihnen, Ihren Hund zu führen! Mit dem Handtarget können Sie Ihren Hund ganz einfach von „A nach B" bringen, zum Beispiel wenn er im Weg steht, oder an Ihre Seite kommen soll.

GESCHIRRGRIFF

Es ist ausgesprochen nützlich, den Hund am Rückensteg seines Brustgeschirres festhalten, sichern und führen zu können. Die leichte Spannung auf dem Geschirr hilft dem Hund, seinen Körper wahrzunehmen, und kann ihm helfen, wieder ruhiger zu werden. Damit der Hund sich nicht erschreckt, sollten Sie den Griff ankündigen! Wird dies gut aufgebaut, dann wirkt der Geschirrgriff wie ein fühlbares Aufmerksamkeitssignal: der Hund wendet sich zu Ihnen um! So bringen Sie Ihrem Hund das Signal bei:

Kündigen Sie an, was Sie tun wollen (z.B. mit dem Signal „Halten"), greifen Sie nach dem Geschirr, geben Sie das Markersignal und belohnen Sie Ihren Hund, während Ihre Hand noch am Geschirr ist. Es entsteht also eine Kette:

„HALTEN" SAGEN – GRIFF – MARKERSIGNAL – BELOHNEN – LOSLASSEN

Sensible Hunde oder solche, die erst seit kurzem ein Geschirr tragen, können beim plötzlichen Zugreifen erschrecken. Üben Sie daher anfangs, während Sie hocken oder auf einem Stuhl sitzen, und fassen Sie zunächst seitlich ans Geschirr. Wenn Ihr Hund beginnt, sich über den Griff zu freuen, können Sie ihn langsam verändern, bis Sie im Stehen von oben greifen können, ohne den Hund zu verunsichern.
Dreht Ihr Hund sich erwartungsvoll um, wenn Sie den Griff ausführen? Dann üben Sie, ihn im Gehen anzuwenden.

Mit etwas Übung kann der Geschirrgriff außerdem richtungsweisend werden, indem ein leichter Zug nach vorn oder zur Seite den Hund in Bewegung setzt. Markern und belohnen Sie seine erste Bewegung!

„SITZ", „PLATZ", „WARTE"

Das Signal „warte" bedeutet: Stehenbleiben (Stillhalten der Pfoten) und den Menschen anschauen. Es wird mit der Freigabe beendet. „Warte" ist nicht nur im Alltag nützlich, sondern kann sehr hilfreich sein, um die Impulskontrolle des Hundes zu schulen. Dieselben Vorteile haben die Übungen des Hinlegens und Hinsetzens auf Signal.

Lehren Sie Ihren Hund „sitz" und „Platz", indem Sie ihn in diese Position locken. Wenn dies gelingt, nehmen Sie mehrere Leckerchen in die Hand und füttern Sie Ihren sitzenden oder liegenden Hund mit diesen Leckerchen schnell hintereinander, so dass er keine Zeit hat aufzustehen. Vor dem letzten Leckerchen geben Sie das Freigabesignal und füttern das letzte Bröckchen aus der Hand (oder mit Signal „Such" vom Boden; frustrationsintolerante Hunde können nach der Freigabe mehrere Leckerchen vom Boden suchen). Lassen Sie Ihren Hund dann einen Augenblick warten, so dass er den Unterschied erlebt: im Liegen oder Sitzen wird er gefüttert – aber nicht mehr nach dem Beenden der Freigabe. Wiederholen Sie dann die Übung, damit dieser Zusammenhang klarer für ihn wird.

Noch klarer wird es, wenn Sie den Hund früher aufstehen lassen, so dass nach der Freigabe einige Leckerchen in der Hand verbleiben, die er erst dann bekommt, wenn er bei der nächsten Übung wieder sitzt oder liegt. (Achtung: Diese Variante sollten Sie nicht durchführen, wenn Ihr Hund frustrationsintolerant ist.) Wenn Sie das Bleiben auf diese Weise aufbauen und Sie beobachten, dass Ihr Hund die Position nur zögerlich unterbricht oder sie nach dem Aufstehen wieder einnehmen möchte – herzlichen Glückwunsch! Ihr Hund will sich selbst bremsen, um sein Ziel zu erreichen!

Nach einigen Wiederholungen können Sie die zeitlichen Abstände zwischen den Leckerchengaben langsam vergrößern, und nach und nach auch den Abstand zwischen Ihrer Hand und seinem Fang. Dazu kann abwechselnd aus beiden Händen gefüttert werden: Wenn die eine verschwindet, taucht die andere auf.

Üben Sie „sitz" und „Platz" regelmäßig und an verschiedenen Orten und beenden Sie es immer mit dem Freigabesignal.

„GEH AUF DEINEN PLATZ"

Es ist außerordentlich praktisch, einen Hund auf seine Decke oder in sein Körbchen schicken zu können, wo er sich hinlegt und bleibt. Machen Sie auf dem Platz, zu dem Sie Ihren Hund schicken wollen, regelmäßig Entspannungsübungen, dann fällt es ihm leichter, dort zu verweilen.

Das „Geh auf deinen Platz"-Signal üben Sie, indem Sie auf dem ausgewählten Platz zunächst das Hinlegen und Liegenbleiben üben. Als nächsten Schritt lassen Sie Ihren Hund Leckerchen auf diesem Platz suchen. Wiederholen Sie diese Übung und achten Sie dabei darauf, dass Ihr Hund das Auslegen des Futters nicht mitbekommt. Nach und nach führen

Sie den Hund weiter vom Platz weg, bevor er hinlaufen und Futter suchen darf. Läuft er eifrig hin? Dann geben Sie ihm das Signal „Geh auf deinen Platz", bevor Sie ihn loslaufen lassen. Wiederholen Sie dieses „Suchspiel" einige Male aus verschiedenen Richtungen. Danach legen Sie kein Futter mehr aus, sondern belohnen Ihren Hund, wenn er zum Platz läuft und dort zu suchen beginnt. Zur Bestätigung streuen Sie das Futter einfach auf den Platz. Wenn er das gern und zuverlässig macht, kombinieren Sie die Übungen: Lassen Sie Ihren Hund zur Decke laufen und dort „Platz" machen. Erst dann belohnen Sie ihn.

Wichtig ist jedoch, den Hund nicht dauernd und schon gar nicht zur Strafe auf seinen Platz zu schicken, denn dann würde er diese Übung negativ verknüpfen, ähnlich wie ein Kind, das zur Strafe ins Bett geschickt wird und das Bett in Folge als einen unangenehmen Ort versteht.

„BEI FUSS"

Beim „bei Fuß"-Gehen übt der Hund Selbstkontrolle. Beherrscht er diese Übung, kann er die eine oder andere schwierige Situation in der „bei Fuß"-Position meistern – mit aufmerksamem Blick auf seinen Menschen. Dies ist dann nützlich, wenn ein Blick in die Umgebung zu Aufregung oder unerwünschtem Verhalten führen würde. Das „bei Fuß"-Gehen mit Blick auf den Menschen ist unter Fachleuten umstritten, da der Hund eine anstrengende

Kopfhaltung einnehmen muss und nur wenig in der Lage ist, seine Umgebung wahrzunehmen. Wird es langsam aufgebaut und zeitlich begrenzt (zunächst sekundenlang, aber auch beim fortgeschrittenen Hund nie mehr als ein paar Minuten), dann ist es eine wichtige Fokus-Übung und kann als Management-Maßnahme sehr nützlich sein.

Übrigens hilft das „bei Fuß"-Gehen so manchem Hund, der nicht ohne zu ziehen an der Leine gehen kann: Wo er nicht frei laufen kann, geht er einfach „bei Fuß". Das scheint unglaublich, ist für manche hyperaktive Hunde jedoch einfacher, als die ganze Länge der Leine nutzen zu können. Voraussetzung ist natürlich, dass der Hund das „bei Fuß"-Gehen liebt und ausreichend Fokus und Ausdauer entwickelt hat – und dass die Strecke, die Sie bewältigen wollen, nicht zu lang ist! Viele Hunde lieben das aufmerksame „bei Fuß"-Gehen und fragen auf dem Spaziergang selbständig danach, unter anderem in Konfliktsituationen. Es gelingt ihnen erstaunlich gut, möglicherweise weil es an das „Lauern beim Anblick einer Beute" oder an Futterbetteln erinnert. Man muss sie gezielt freigeben und danach für kurze Zeit ignorieren, sonst bleiben sie „kleben".

Bei lebhaften Hunden können verschiedene Methoden erfolgreich angewendet werden, die auch problemlos kombiniert werden können!

- Gehen Sie mit angeleintem Hund im Garten oder im Haus spazieren. Belohnen Sie jeden Blick zu Ihnen und jedes Laufen in Ihrer Nähe. Verwenden Sie dazu das Markersignal. Ihr Hund wird nach einiger Zeit beginnen, häufiger in der Nähe zu laufen, und/ oder sehr häufig zu gucken. Dann wenden Sie Tricks an: Belohnen Sie mehrmals hintereinander und besonders gut, wenn er genau neben Ihnen läuft. Versuchen Sie, sich so zu positionieren, dass der Hund mit hoher Wahrscheinlichkeit an Ihrer Seite auftaucht. Auch die Art der Belohnungsgabe kann helfen: Versuchen Sie, Ihren Hund nach dem Markersignal mit der Belohnung etwas mehr an Ihre Seite zu führen. Bald werden Sie erleben, dass Ihr Hund mehrere Schritte bei Ihnen läuft. Belohnen Sie jeden dieser Schritte. Sie können nun an der Qualität des „bei Fuß"-Gehens arbeiten: Belohnen Sie besonders oft, wenn er nahe bei Ihnen und mit seiner Schulter auf der Höhe Ihres Beines läuft.

Möchten Sie die Übung beenden, geben Sie das Freigabesignal und zeigen Ihrem Hund Ihre leeren Hände. Danach gibt es für zehn Sekunden keine Futterbelohnung mehr. Beginnt Ihr Hund zu „kleben", d.h. möchte er nicht mehr von Ihrer Seite weichen? Dann wird es Zeit, ein Hör- und/ oder Sichtsignal einzuführen. Nach dieser Einführung werden nur noch Ausführungen nach Gabe des Signals mit Futter belohnt. Spontanes Anschauen oder Näherkommen darf natürlich weiterhin mit einem Lächeln und Loben verstärkt werden – aber eben nicht mehr mit Futter! Beenden Sie die Übung immer mit dem Freigabesignal. Wenn Sie zunächst in ablenkungsarmer Umgebung trainieren, sich entspannt bewegen und die Häufigkeit der Leckerchengabe geschickt reduzieren, dann können Sie mit dieser Methode ein sehr entspanntes „bei Fuß" entwickeln.

- Folgetraining: Dies ist eine Variation der oben beschriebenen Methode. Üben Sie im Garten oder einem eingezäunten Gelände. Gehen Sie in ruhigem Tempo immer vom Hund weg, so dass er beginnt, Ihnen zu folgen. Geben Sie ihm sein Markersignal und eine Belohnung, wenn er zu Ihnen oder an Ihrer Seite vorbeikommt. Wenden Sie sich beim Belohnen oder unmittelbar danach wieder vom Hund ab. Ihre Bewegungen werden ihm helfen, sich auf Sie zu fokussieren. Bleibt er bei Ihnen? Dann belohnen Sie so oft wie möglich – jeden Schritt in Ihrer Nähe! Versuchen Sie weiterhin, ihm zu „entkommen", denn das „Beim-Menschen-Bleiben" sollte eine interessante Herausforderung für den Hund sein! Vergrößern Sie nach und nach die Abstände zwischen den Belohnungen. Sobald Sie und Ihr Hund diese Technik beherrschen, bauen Sie Geradeaus-Strecken ein. Statt bei jeder Belohnung abzubiegen, gehen Sie einen Schritt geradeaus – und biegen erst dann ab. Steigern Sie diese Schrittzahl ganz langsam. Bleiben Sie dabei unvorhersehbar: Mal biegen Sie sehr bald ab, mal erst nach eine paar Schritten.

- Handtarget-Methode: Diese Technik kann die beiden anderen Techniken ergänzen. Locken Sie Ihren Hund mit dem Handtarget in die „bei Fuß"-Position. Benutzen Sie das Handtarget, um ihn dort zu halten. Trainieren Sie dies immer wieder und verlängern Sie die Strecke ganz allmählich. Beenden Sie die Übung mit dem Freigabesignal. Bei dieser Methode ist der Blick des Hundes auf die Hand gerichtet. Sie ist daher besonders praktisch, zum Beispiel um ihn an Ablenkungen vorbeizuführen.

WICHTIG: Das „bei Fuß"-Gehen sollte niemals nur auf einer Seite des Menschen eingeübt werden (z.B. nur auf der linken Seite). Sonst könnte Ihr Hund Haltungsschäden entwickeln. Außerdem ist es im Alltag praktisch, wenn Sie Ihren Hund rechts und links führen können. Mit der Handtarget-Methode ist es ganz einfach, Ihrem Hund zu zeigen, welche Seite gerade gemeint ist!

FREIGABESIGNAL

Nach dem Freigabesignal darf der Hund sich aus dem „sitz", „Platz", „warte" oder „bei Fuß" entfernen und machen, was er möchte. Viele Leute benutzen dazu ein Wort wie „lauf" oder „o.k.". Damit der lebhafte Hund dieses Signal nicht als Signal zum Losstürmen erlernt, gestalten Sie die Freigabe am besten als Ritual. Führen Sie dazu Ihre Hand mit

ABRUFSIGNAL

Ein gutes Abrufsignal löst beim Hund Bewegungsmotivation aus, denn er will sofort und schnell zum Rufenden laufen. Eine solche Steigerung der Bewegungsmotivation kann beim hyperaktiven Hund problematisch sein. Er kann seinen Halter beim Herankommen umrennen oder an ihm hochspringen und heftig zu beißeln beginnen. Um dem vorzubeugen, kann der ankommende Hund am Boden neben den Menschenfüßen Futter suchen. Eine andere Möglichkeit besteht darin, ihm ein Verhalten beizubringen, das er ausführen soll, wenn er seinen Menschen erreicht. Dazu eignen sich das Vorsitzen oder das Berühren der Hand. Beide Verhaltensweisen sollte der Hund in erfreulicher Weise gelernt haben, damit sie keine Verunsicherung oder andere unangenehme Gefühle auslösen. Sonst wirken diese wie eine Strafe für das Herankommen: Warum soll ein Hund herankommen, wenn er sich dann schlecht fühlt? Da mit jedem neuen Herankommen die Aufregung des Hundes ansteigen kann, sollte der Abruf während einer Übungseinheit immer nur einmal geübt werden. Danach gehen Sie weiter spazieren oder lenken die Aufmerksamkeit des Hundes auf etwas Ruhigeres (z.B. eine ruhige „sitz"- oder „Platz"-Übung).

Eine weitere Herausforderung liegt in der Ablenkbarkeit hyperaktiver Hunde: Sie reagieren sofort auf den Abruf, kommen schnell – und biegen genauso schnell wieder nach links oder rechts ab, wenn ihnen ein Geruch oder eine Bewegung auffällt. Üben Sie deswegen anfangs in ablenkungs-

einem Leckerchen zu seiner Nase, dann zu Ihrem Körper, so dass er Sie anschauen muss. Danach geben Sie ihn mit einem Wort (z.B. „lauf") und einer schwingenden Handbewegung frei und lassen ihn das Leckerchen auf dem Boden suchen. In einem solchen Ritual würde dem nach Aufforderung sitzenden Timmy also eine Signalkette gegeben: „Timmy, schau! Lauf – such!"

So erschlagen Sie einige Fliegen mit einer Klappe: Ihr Hund orientiert sich noch einmal zu Ihnen, wird dafür mit Freigabe und Futter belohnt – und am hektischen Davonlaufen gehindert, weil er ja noch sein Leckerchen am Boden suchen muss. Danach erhält er jedoch kein Leckerchen mehr – er soll es ja bedauern, dass die Übung schon vorbei ist. Aber Achtung! Hunden mit Frustrationsproblemen wirft man am Übungsende eine ganze Hand voll Futter auf den Boden. So können sie suchen und werden von ihrem Ärger darüber abgelenkt, dass die Übung schon zu Ende ist.

armer Umgebung! Der Hund soll den Bewegungsablauf nach dem Abrufsignal "in- und auswendig lernen". Üben Sie in verschiedenen Umgebungen und nehmen Sie nach und nach und sehr vorsichtig Ablenkungen hinzu. Verwenden Sie außerdem hochwertige Belohnungen, damit Ihr Hund gut auf Sie fokussieren kann. Unterstützen Sie sein Herankommen mit dem Keep Going-Signal, und indem Sie sich rückwärts von ihm weg bewegen. Wenn Sie beim Rückwärtsgehen ab und zu überraschend zur Seite abbiegen, werden Sie besonders interessant für Ihren Hund – und reduzieren eventuellen übermäßigen Schwung beim Heranlaufen.

"WILLST DU SPIELEN?" UND "FEIERABEND"

Die positive Wirkung von Spiel kann auch bei einigen hyperaktiven Hunden genutzt werden. Manchmal ist es außerdem sinnvoll, das Spiel gezielt als Ablenkung oder zum Gegenkonditionieren zu benutzen.

Ist Ihr Hund in der Lage vorsichtig zu spielen? Können Sie Ihren Hund mit großer Wahrscheinlichkeit zum Spielen motivieren? Wenn Sie beide Fragen mit "ja" beantworten, dann können Sie ein Spielsignal einführen. Dazu überlegen Sie zunächst, welche Spielvariante (Rennspiel, Wurfspiele, Zerrspiele) Ihren Hund am wenigsten aufregt. Geben Sie Ihr Spielsignal (z.B. "Willst Du spielen?") und fordern Sie Ihren Hund zum Spielen auf. Beenden Sie das Spiel nach kurzer Zeit mit dem Signal "Feierabend" (oder einem ähnlichen Signal). Sorgen Sie dann dafür, dass Ihr Hund sich sofort entspannen kann: Lassen Sie ihn Futter suchen oder machen Sie eine Entspannungsübung. Üben Sie diese beiden Signale, bis Ihr Hund zuverlässig darauf reagiert (besonders auf das "Feierabend"-Signal). Erst dann können Sie die Spielphasen verlängern.

"WO IST DEIN SPIELZEUG?"

Verwenden Sie immer dasselbe Spielzeug, so können Sie mitten im Spiel das Signal "Wo ist …?"(z.B. "Wo ist dein Ball?") einführen. Legen Sie das Spielzeug dazu auf den Boden oder verstecken Sie es in einem sehr einfachen Versteck, geben Sie das Signal und loben Sie Ihren Hund, wenn er sein Spielzeug findet. Wenn nicht, helfen Sie ihm und freuen sich gemeinsam daran, wenn Sie beide es gefunden haben. Nach einigen Wiederholungen werden Sie bemerken, dass Ihr Hund auf das Signal reagiert und sich nach dem Gegenstand umschaut, auch wenn er den Moment des Werfens oder Versteckens verpasst hat. Beginnen Sie dann, das Signal auch ohne vorheriges Spiel zu geben: Legen Sie dazu das Spielzeug bereit und sagen Sie "Wo ist…?" Helfen Sie Ihrem Hund dann mit suchenden Blicken, sein Spielzeug zu finden. Loben Sie ihn, wenn er es gefunden hat und spielen Sie mit ihm! Nach und nach können Sie die Hilfen abbauen und das Signal in verschiedenen Situationen anwenden – zum Beispiel wenn Besuch kommt und Sie lieber möchten, dass Ihr Hund sein Spielzeug sucht und holt, statt die Gäste anzuspringen.

NO REWARD-MARKER („SCHADE")

Trotz guter Planung wird es im Training mit einem lebhaften Hund gelegentlich passieren, dass er einen Fehler macht. Ganz klar: Dann suchen Sie zunächst nach der Ursache und steigen dann mit einer einfachen Übung wieder ins Training ein. Bei Hunden, die eine Übung schon recht gut kennen, kann es nützlich sein, falsche Entscheidungen des Hundes mit einem besonderen Signal zu kommentieren. Dies kann für mehr Klarheit im Training sorgen und seine Fortschritte beschleunigen! Bringen Sie Ihrem Hund dieses Signal in einer einfachen Übung bei, die er gut kennt und bei der nur gelegentlich Fehler vorkommen. Überlegen Sie vorher, welches Kriterium als Fehler gilt (z.B. das Aufstehen aus dem „sitz"). Trainieren Sie in gewohnter Weise mit Futterbelohnungen. Warten Sie dabei auf den Fehler. Geben Sie ihm nun sofort ein Signal für „Das lohnt sich jetzt nicht". Dazu können Sie Worte wie „schade" oder „leider verloren" verwenden. Verwenden Sie dazu eine neutrale Stimme und wenden Sie sich dann vom Hund ab. Achten Sie darauf, dass Ihr Hund nun wirklich keine Belohnung erhält: kein Futter, keine Aufmerksamkeit von Ihnen, aber auch keinen Spaß an anderen Dingen (Freilauf, Schnüffeln, Spiel...). Ein Beispiel für die Verwendung eines solchen Signales könnte sein: Der Hund steht aus dem „sitz" auf, der Mensch sagt „schade", wendet sich ab und hält seinen Hund gleichzeitig mit der Leine von Schnüffelversuchen ab. Nach fünf Sekunden wiederholt man die Übung mit einfacheren Anforderungen und erfolgreichem Ausgang.

„JETZT NICHT"

Eine besondere Variante des „Jetzt kommt keine Belohnung"-Markers (Englisch: No Reward-Marker) ist das Signal „Jetzt nicht". Manche Menschen verwenden auch andere Worte wie zum Beispiel „Vergiss es". Das soll dem Hund mitteilen: Das was Du tust, ist erfolglos, also hör auf damit. Reagiert der Hund auf das Signal, kann er nach ein paar Sekunden mit ruhiger Zuwendung (Anschauen oder ein paar ruhige Worte, die an ihn gerichtet werden) belohnt werden. Ein Beispiel macht dies anschaulich: Ein Hund bellt seinen Menschen auffordernd an. Dieser gibt das Signal „Jetzt nicht" und ignoriert seinen Hund. Der Hund erkennt, dass sein Verhalten erfolglos ist, wendet sich ruhig ab und legt sich

hin. Nach fünf Sekunden schaut der Mensch seinen Hund freundlich an und nickt lächelnd.

Am besten bringen Sie Ihrem Hund dieses Signal in einer Situation bei, in der er schnell aufgeben wird. Sagen Sie es zum Beispiel, wenn er mit geringer Motivation danach „fragt", ob Sie ihn streicheln oder ob Sie die Tür zum Garten öffnen. Geben Sie das Signal nur einmal und ignorieren Sie Ihren Hund danach. Warten Sie, bis er aufgibt und loben Sie ihn. Nach einigen Wiederholungen werden Sie merken, dass er immer schneller aufgibt, wenn Sie dieses Signal geben. Wenden Sie es danach in anderen Situationen an. Nach und nach können Sie erkennen, dass Ihr Hund es bei verschiedenartigen Gelegenheiten versteht. Nun wenden Sie es auch in schwierigeren Situationen an, in denen es Ihrem Hund schwer fällt, aufzugeben (z.B. beim auffordernden Bellen). Ganz wichtig ist dabei, dass Sie dieses Signal nur dann anwenden, wenn Sie Ihren Hund wirklich konsequent ignorieren und jeden anderen Erfolg, den er erreichen möchte, von ihm fernhalten können!

DAS ABBRUCHSIGNAL

Mit diesem Signal können Sie das Verhalten Ihres Hundes unterbrechen. Viele Menschen verwenden dazu zum Beispiel die Worte „nein" oder „lass das". Besonders verständlich ist dies für den Hund, wenn er sich von einem Gegenstand abwenden soll. In anderen Situationen (z.B. wenn der Hund bellt oder einen „Rennanfall" auslebt) macht es weniger Sinn.

Möchten Sie ein Abbruchsignal verwenden, dann beachten Sie bitte: Trainieren Sie es so sorgfältig, dass Ihr Hund reagiert, wenn Sie es in ruhigem Tonfall sagen. Mit aufgeregter Stimme und drohender Körpersprache helfen Sie Ihrem Hund nicht, ruhiger zu werden. Vermeiden Sie es bei Hunden, die aufgrund von Ängsten oder zu harter Erziehung/ Aus-

bildung hyperaktiv sind. Bei ihnen kann über längere Zeit jede Bedrohung durch den Menschen eine Bestätigung alter emotionaler Muster oder Verhaltensmuster bedeuten, und das stellt dann den Therapieerfolg in Frage.

DAS STOPP-SIGNAL

Das Stopp-Signal kann hilfreich sein, einen übermütig hochspringenden oder beißelnden Hund zu stoppen. Es sollte beim ersten Ansatz des Verhaltens ein- oder zweimal eingesetzt werden. Es besteht aus einer sichtbaren Komponente (aufrechte, etwas angespannte, dem Hund zugewandte Körperhaltung mit flacher Hand, die dem Hund bremsend entgegengehalten wird) und einem hörbaren Anteil (z.B. „Stop it!"). Im Zusammenhang mit diesem Signal erlebt der Hund eine leichte Bedrohung und Frustration. Überlegen Sie daher sorgfältig, ob Ihr Hund das aushält oder ob es auf ihn eher stimulierend wirkt! Hunde, die sehr überdreht sind, lesen aus nahezu jeder Reaktion des Menschen ein „Mitmachen" im Hundespiel, auch aus dem Stopp-Signal. Besteht das unerwünschte Verhalten, das Ihr Hund zeigt, ganz oder teilweise aus aktiver Unterwerfung, dann wird er das

Stopp-Signal als Zurechtweisung interpretieren und sein Verhalten noch intensivieren.

Reagiert Ihr Hund jedoch mit Zurückweichen oder Abwenden, entspannen Sie sich sofort, sagen beiläufig ein oder zwei ruhige bestätigende Worte (z.B. „So ist es o.k.") zum Hund und wenden sich ab, wenn dies gefahrlos möglich ist. Wenn ein Hund jedoch nicht zurückweicht, dann sollte sein Mensch das Signal nicht weiter wiederholen oder seine Intensität steigern, denn dann ist die Wahrscheinlichkeit zu hoch, dass ein aussichtsloser, aus Sicht des Hundes attraktiver „Spielkampf" entsteht.

EIN SIGNAL ZUM WEGSCHICKEN

Diese Variante des Stopp-Signals kann auch zum Splitten benutzt werden. Bedrängt Ihr Hund zum Beispiel einen Artgenossen, dann schieben Sie sich zwischen die Hunde und schicken Sie ihn weg. Dazu kann zum Beispiel das Signal „Ab!" mit wegweisender Hand benutzt werden. Viele Hunde verstehen dieses Signal sofort. Wenn das nicht der Fall ist, kann zunächst mit der weisenden Hand ein Leckerchen in entsprechende Richtung geworfen werden. Es wird dann vorübergehend zum positiv verknüpften Signal. Dies kann in Kauf genommen werden oder sogar erwünscht sein, wenn das Verhalten des Hundes sonst nicht unterbrechbar ist. Die Verknüpfung mit Futter wirkt gegenkonditionierend und hilft dem Hund von seiner starken Motivation abzulassen.

AUSZEIT

„Auszeit" bedeutet, dass Sie Ihren Hund vorübergehend von Ihnen und anderen Sozialkontakten trennen. Sie wirkt also als Strafe für Ihren Hund! Die Auszeit ist nicht so einfach anzuwenden, wie wir uns erhoffen – und sie wirkt längst nicht immer. Bei Hunden mit Bindungsproblemen, die übermäßig stark nach Kontakt suchen, kann diese Störung durch Auszeiten verstärkt werden. Ist Ihr Hund nicht in der Lage, mit Frustration (ausgelöst z.B. durch geschlossene Türen) umzugehen, kann es sein, dass er sich in ganz erhebliche Aufregung hineinsteigert und dabei Gegenstände oder sich selbst beschädigt, wenn Sie eine Auszeit ankündigen.

Bei Hunden mit Impulskontrollproblemen und erlerntem übermäßigem Aufmerksamkeitsfordern (z.B. andauerndes Bedrängen eines Menschen) können Auszeiten jedoch ausgesprochen nützlich sein.

Folgende Möglichkeiten der Auszeit gibt es:
- Der Mensch bleibt im selben Raum, ignoriert seinen Hund jedoch völlig. Alle anderen Personen im Raum sollten dies ebenfalls tun.
- Der Mensch verlässt den Raum.
- Der Halter entfernt sich vom angeleinten Hund, welcher von einem anderen Menschen gehalten wird.
- Der Hund wird aus dem Raum gebracht.

Wenn Sie Auszeiten anwenden möchten, wählen Sie die Variante, die am besten zu Ihren Situationen passt. Legen Sie genau fest, welches Kriterium, also welches Verhalten Ihres Hundes, zur Auszeit führt. Damit eine Auszeit vom Hund verstanden werden kann, sollte sie mit einem Signal angekündigt werden. So können Sie zum Beispiel „Auszeit" sagen, bevor Sie den Raum verlassen.

In keinem Fall darf die Auszeit länger als wenige Minuten dauern – oft reichen schon zehn Sekunden. In jedem Fall muss sie andauern, bis Ihr Hund sein unerwünschtes Verhalten fünf bis zehn Sekunden lang beendet hat.

Beobachten Sie Ihren Hund, wenn Sie eine Auszeit geben: Er darf Ihr Verhalten nicht als angenehm erleben, sollte aber auch nicht in große Aufregung geraten.

ANKÜNDIGUNGEN

Manipulationen am Hund, wie zum Beispiel An- und Ausziehen, An- und Ableinen, Pfotenabwischen oder Bürsten wirken leicht bedrohlich und können stark stimulieren. Diesen Effekt können Sie mildern, indem Sie Manipulationen ankündigen. Sagen Sie einfach immer, was Sie vorhaben: Das Signal „Pfote" könnte zum Beispiel Pfotenabwischen ankündigen, „Ausziehen" (des Brustgeschirres) und „Bürsten" eine entsprechende Tätigkeit.

Wenn Sie immer dieselben Signale verwenden und sie direkt vor der Tätigkeit sagen, wird Ihr Hund sie nach und nach mit der entsprechenden Handlung verknüpfen. So vorbereitet wird sich Ihr Hund diese angekündigten Handlungen immer gelassener gefallen lassen!

TRAINING ZUR GEWÖHNUNG AN DIE BOX

Sie können Ihren Hund daran gewöhnen, sich in einem begrenzten Raum aufzuhalten, wenn er einmal nicht frei herumlaufen darf, beispielsweise weil Besuch kommt oder Sie ungestört putzen wollen. Stark hyperaktive Hunde brauchen manchmal ununterbrochene Beaufsichtigung – weil sie sonst Gegenstände zerstören oder sich selbst oder andere Lebewesen verletzen. Solche Hunde sind für Ihre Halter erst dann erträglich, wenn sie immer wieder eine Zeit lang sicher untergebracht werden können. Ein solcher Raum kann außerdem Hunden helfen zur Ruhe zu kommen, die sonst durch Außenreize immer wieder angeregt werden oder die sich durch ihre eigene Bewegung immer weiter stimulieren. Sie können sich manchmal erst in einer Box entspannen. Je nach Hund, Trainingsstand und Art der Box kann ein Hund ein bis zwei Stunden (in einer geräumigen Transportbox) oder bis zu vier Stunden (in einem kleinen Zimmer) dort verbringen, vorausgesetzt er ist daran gewöhnt, seine Bedürfnisse nach Sozialkontakt, Bewegung und Beschäftigung werden

Richten Sie diesen Ort so gemütlich wie möglich für Ihren Hund ein. Wählen Sie eine Größe, in der er sich bequem aufrichten und ausstrecken kann. Stellen Sie ein Wassergefäß hinein und achten Sie darauf, dass es nicht umfallen kann.

Der Hund soll nun Folgendes über die Box lernen:
- Die Box ist gemütlich. ☺
- Die Box ist der Ort, an dem es mir gut geht. ☺
- Ich gehe gerne in die Box. ☺
- In der Box entspanne ich mich und schlafe ein. ☺

befriedigt und der begrenzte Raum ist aus Sicht des Hundes gemütlich und nicht zu eng. Bevor Sie Ihren Hund für einige Zeit auf diese Weise räumlich begrenzen, sollte er sehr sorgfältig daran gewöhnt sein. Sie müssen sicher sein, dass er sich für die geplante Zeitdauer entspannen kann und nicht etwa Angst bekommt.

Je nachdem, welche Wünsche und Möglichkeiten Sie haben, kann als Box dienen:
- Ein kleiner Raum
- Eine faltbare oder feste „Transportbox" für Hunde (sie sollte so groß sein, dass Ihr Hund darin stehen, verschiedene Liegepositionen wählen und herumgehen kann. Am besten wählen Sie die Box so groß, dass zwei bis drei Hunde von der Größe Ihres Vierbeiners darin Platz hätten. Manche Hunde bevorzugen eine höhlenartige Kiste mit undurchsichtigen Seiten (z.B. aus Stoff oder eine Transportbox wie sie auf Flughäfen verwendet wird), andere entspannen sich besser in einer durchsichtigen Gitterbox. Beachten Sie außerdem, dass die angebotenen Boxen unterschiedlich haltbar sind.)
- Eine mit Gitter abgezäunte Ecke im Zimmer

Im Folgenden wird der Trainingsaufbau für eine Transportbox beschrieben. Er ist in ähnlicher Weise auch für andere „Box-Varianten" anwendbar. So lehren Sie Ihren Hund, die Box zu lieben:

SCHRITT 1:
DER HUND LERNT, DIE BOX GERNE AUFZUSUCHEN

Die Box ist ein fremdartiger Gegenstand, daher fürchten sich manche Hunde zunächst vor ihr. Bei solchen Hunden fangen Sie die Gewöhnung sehr vorsichtig an:

a Lassen Sie die Box ein paar Tage in Ihrer Wohnung herumstehen. Dann streuen Sie Futter um die Box. Wiederholen Sie dies, bis Ihr Hund das Futter ohne Anzeichen von Furcht aufsuchen kann. Streuen Sie nun das Futter in den Eingang der Box. Klappt auch das gut, streuen Sie das Futter allmählich immer tiefer in die Box hinein.

b Üben Sie das Rein- und Rausgehen, indem Sie Leckerchen hineinwerfen, Ihren Hund fressen lassen und ihn herausrufen, bevor er von selbst hinausläuft. Wenn er rauskommt, füttern Sie ihn eine Minute lang nicht und lassen ihn ganz in Ruhe. Dann wiederholen Sie die Übung. Er lernt so: In der Box ist es toll, Rauskommen ist weniger schön.

c Wiederholen Sie die Übung von **b** mit Signal: Sagen Sie ein Signal (z.B. „Geh in Deine Kiste") und werfen Sie erst dann ein Leckerchen in die Box.

d Geben Sie das Signal zum Laufen in die Box und werfen Sie Ihrem Hund mehrere Futterbröckchen hinein, so dass er eine Zeit lang darin suchen muss. Werfen Sie Leckerchen nach, so lange Ihr Hund in der Box ist. Rufen Sie ihn dann hinaus.

SCHRITT 2: ENTSPANNEN IN DER BOX

e Beherrscht Ihr Hund das Signal „Platz"? Dann lassen Sie ihn in die Box laufen, sein Leckerchen fressen und dann in der Box „Platz" machen. Vermeiden Sie es dabei, den Hund zu bedrängen oder streng anzusprechen!!! Belohnen Sie ihn mehrfach nacheinander für das Liegenbleiben. Rufen Sie ihn dann wieder aus der Box. Wiederholen Sie diese Übung mehrfach an verschiedenen Tagen. Ihr Hund lernt so, sich in der Box aufzuhalten und es angenehm zu finden.

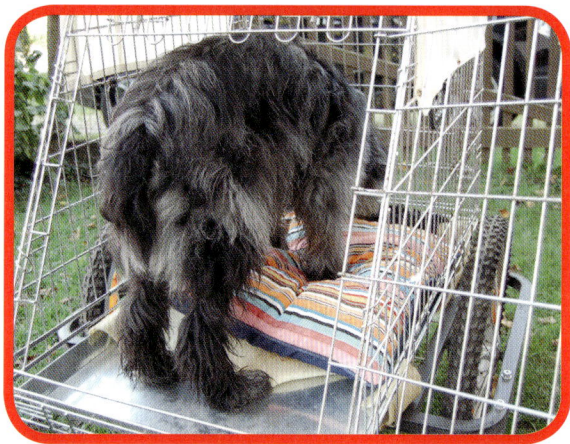

f Suchen Sie etwas zu knabbern, das Ihr Hund gerne mag (getrockneter Fellstreifen, gefülltes Kautschukspielzeug oder Ähnliches) und das er mit hoher Wahrscheinlichkeit im Liegen fressen wird. Sagen Sie „Box" und werfen Sie ein Leckerchen in die Box. Fordern Sie ihn zum Hinlegen auf, geben Sie ihm als Belohnung die Knabberei.

g Kennt Ihr Hund Entspannungssignale? Dann wenden Sie diese Techniken an, während er in der Box ist.

SCHRITT 3: SCHLIESSEN DER TÜR UND VERLÄNGERN DES AUFENTHALTES

h Wenn Ihr Hund sich in der Box aufhalten und fressen kann, machen Sie kurz die Tür zu. Steigern Sie die Zeitdauer der geschlossenen Tür allmählich. Belohnen Sie ruhiges Verhalten mit Zuwendung oder Lob. Die Box ist groß genug, um sich zu bewegen. Da Sie jedoch Ruhe fördern

möchten, öffnen Sie die Tür immer dann, wenn Ihr Hund sich gerade ruhig verhält. Am besten üben Sie dies mit einem müden Hund. Bleiben Sie in der Nähe und verhalten Sie sich ebenfalls entspannt (machen Sie ein Nickerchen, lesen Sie z.B. ein Buch oder arbeiten Sie in ruhiger Weise am Schreibtisch). Üben Sie, bis Ihr Hund bei geschlossener Tür einschlafen kann.

i Klappt das alles prima? Dann warten Sie, bis Ihr Hund sich in der Box entspannt. Nun entfernen Sie sich kurz, kommen wieder, setzen sich, warten eine kurze Zeit und lassen den Hund dann aus der Box.

j Steigern Sie die Zeitdauer in der Box allmählich.

EIN PAAR TIPPS ZUM GUTEN GELINGEN:

- Üben Sie am besten zu Zeiten, zu denen Ihr Hund sowieso schlafen würde.
- Das Verlassen der Box sollte langweilig für den Hund sein. Er sollte kein Spiel, kein Futter, keine Streicheleinheit bekommen, wenn er hinausgeht.
- Vermeiden Sie Aufregung in der Box.
- Trotz sorgfältigen Trainings kann es vorkommen, dass Ihr Hund versucht, die Tür zu öffnen. Hier ist Ihre Hundekenntnis gefragt: Probiert Ihr Hund nur vorsichtig aus? Dann ignorieren Sie das Verhalten, warten Sie, bis er wieder ruhig ist, und lassen Sie ihn dann aus der Box. Wissen Sie, dass Ihr Hund nun stark protestieren und gar nicht mehr ruhiger werden wird? Dann unterbrechen Sie ihn so schnell wie möglich, indem Sie ihn ablenken (z.B. durch das Signal „sitz" oder durch kurzes Ansprechen). Er darf die Box erst verlassen, wenn er wieder ruhig ist. Wenn Ihr Hund beginnt große Angst zu zeigen, dann lassen Sie ihn sofort aus der Box hinaus!
Lassen Sie Ihren Hund zur Ruhe kommen, beginnen Sie das Training zu einem späteren Zeitpunkt auf einem sehr niedrigen Niveau und steigern Sie es langsamer.
- Bringen Sie Ihren Hund niemals in die Box, wenn er an Darm oder Blase erkrankt ist.
- Manche Hunde reagieren sehr stark auf „Barrierefrustration" (Frustration ausgelöst durch eine Barriere, z.B. eine geschlossene Tür, eine Wand oder einen Zaun). Bei diesen braucht das Boxentraining etwas mehr Zeit. Hunde, die stark auf die geschlossene Transportbox reagieren, kommen manchmal besser mit einer anderen Variante des begrenzten Raumes oder mit einem „Tie-Down" klar. Bei sehr stark reagierenden Hunden sollte das Boxentraining unterlassen werden.

TIE-DOWN

Damit ist das Anbinden des Hundes auf einem gemütlichen Platz gemeint. Es kann ähnlichen Zwecken dienen wie die Box, da der Hund an einem relativ sicheren Platz untergebracht wird. Es wird allerdings weniger Platz gebraucht als mit einer Box. Die maximale Zeitdauer entspricht ebenfalls dem Boxentraining.

Ein Nachteil des Anbindens ist, dass der Hund sich in der Leine verwickeln kann. Daher sollten Sie immer in der Nähe sein! Manche Hunde beginnen außerdem, auf der Leine zu kauen. Dies kann ein Anzeichen von Frustration oder Angst sein. Einige Hunde weisen jedoch keine weiteren Hinweise auf Erregung (z.B. Unruhe, Hecheln, gerötete Schleimhäute, Anstieg der Pulsrate) auf, während sie auf der Leine kauen. Verwenden Sie bei diesen Hunden eine bissfeste Verbindung (z.B. eine Kette). Bei allen unerwünschten Vorkommnissen während des Tie-Downs gehen Sie im Training mehrere Schritte zurück auf ein niedrigeres Niveau!

Wählen Sie als Ort eine ruhige Ecke oder einen Platz, an dem Ihr Hund sich voraussichtlich gern aufhalten wird und entspannen kann. Binden Sie Ihren Hund nicht auf seinem Schlafplatz an! Auch beim sorgfältigen Aufbau des Tie-Downs kann Frustration entstehen, welche dann mit dem Aufenthaltsort verknüpft wird. Gerade beim hyperaktiven Hund soll der Schlafplatz ein Ort der Ent-

spannung und Ruhe sein – und keineswegs mit Frustration oder Aufregung verknüpft werden.

Die Befestigung der Anbindung kann an einem Haken an der Wand, an einem Möbelstück oder etwas anderem erfolgen. In jedem Fall sollte sie sehr stabil sein: Ihr Hund darf nicht durch umfallende Möbel oder herausbrechende Wandstücke gefährdet werden!

SO BAUEN SIE EIN TIE-DOWN AUF:

a Legen Sie eine gemütliche Decke oder Ähnliches aus und stellen Sie ein Wassergefäß bereit.
b Leinen Sie Ihren Hund an und halten Sie Ihre Leinenhand während der Übung so still wie möglich.
c Machen Sie es sich auf einem Stuhl oder Ähnlichem neben der Decke bequem.
d Lassen Sie Ihren Hund Futter auf der Decke suchen.
e Führen Sie auf der Decke Picknickübungen durch oder üben Sie das Signal „Platz".
f Wenn Ihr Hund das Angeleintsein in dieser Situation gut akzeptiert, dann befestigen Sie die Leine an der vorgesehenen Stelle.
g Führen Sie nun Entspannungsübungen durch oder geben Sie Ihrem Hund etwas zu kauen. Bleiben Sie bei ihm sitzen und entspannen Sie sich ebenfalls.
h Wenn Ihr Hund entspannt liegt oder kaut, gewöhnen Sie ihn daran, dass Sie sich in ruhiger Weise bewegen. Schauen Sie Ihren Hund dabei nicht an und steigern Sie dies langsam, und nur, wenn der Hund nicht auf Ihre Bewegungen reagiert: Rutschen Sie zunächst auf dem Sitz herum, stehen Sie auf und setzen sich wieder, bleiben Sie stehen und bewegen Sie Arme und Oberkörper. Beginnen Sie dann, langsam herumzugehen. Bauen Sie dies so weit aus, bis Sie sich frei bewegen können.

MAULKORBTRAINING

Bei der Auswahl eines Maulkorbes müssen Sie auf den Komfort des Hundes achten:
Vermeiden Sie die schwarzen röhrenförmigen Nylonschlingen! Wählen Sie lieber einen leichten Kunststoff- oder Metallkorb. Ihr Hund sollte auch mit angelegtem Maulkorb den Fang öffnen und hecheln können.

SCHRITT 1: DER HUND LERNT, SEINE NASE GERN IN DEN MAULKORB ZU STECKEN

Umfassen Sie mit Ihrer Hand den Maulkorb, so dass in ihn reingelegte Leckerchen nicht durch das Gitter fallen. So wird er sozusagen zum „Napf". Geben Sie ein Stück Wurst oder Käse hinein und halten Sie die Riemen zurück. Bewegen Sie den Maulkorb nicht auf den Hund zu, sondern lassen Sie den Hund sich nähern. Erlauben Sie ihm, aus dem Korb zu fressen.

Nimmt Ihr Hund gerne Futter aus dem Maulkorb? Dann ziehen Sie den Maulkorb ruhig weg, sobald er gefressen hat. So wird der nächste Schritt vorbereitet.

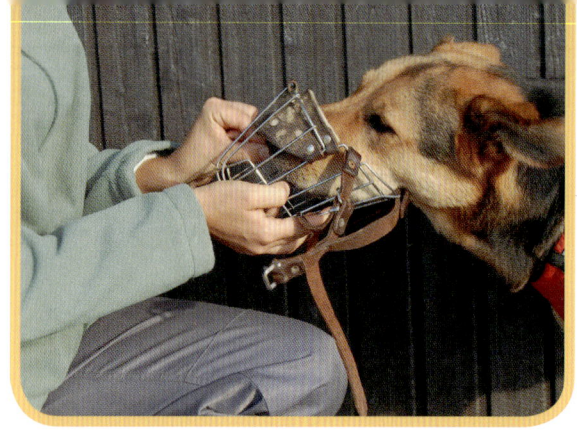

SCHRITT 2: DER HUND LERNT, DASS ER SEINE NASE IM MAULKORB BEHALTEN MÖCHTE

Geben Sie mehrere Leckerchen in den Korb und lassen Sie den Hund daraus fressen. Ziehen Sie den Maulkorb weg, bevor er alle Leckerchen gefunden hat **(Vorsicht: bei frustrationsintoleranten Hunden lassen Sie diese Übung weg!)**. Streichen Sie den Maulkorb von innen mit Wurst oder etwas anderem Leckeren ein. Nehmen Sie den Maulkorb weiterhin immer dann weg, wenn der Hund noch gerne darin leckt oder frisst. Beginnen Sie, Leckerchen durch das Gitter zu reichen.

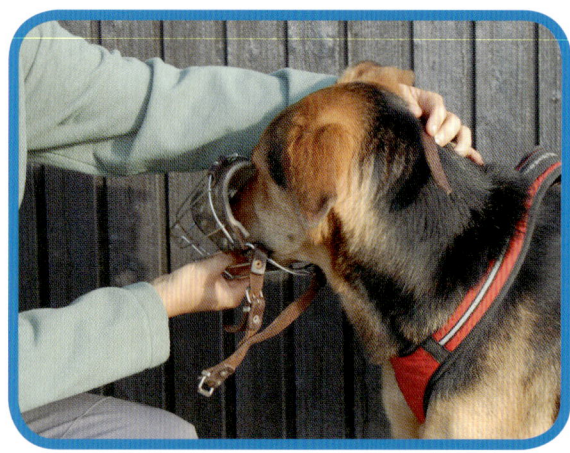

SCHRITT 3: VERSCHLUSS DES RIEMENS UND AUSBAU DER TRAGEDAUER

Während Ihr Hund im Maulkorb beschäftigt ist, bewegen Sie den Riemen. Beobachten Sie, wie Ihr Hund darauf reagiert. Bleibt er gelassen, so können Sie langsam steigern:

- Legen Sie den Riemen an seinen Hals, ohne den Maulkorb zu schließen.
- Legen Sie den Riemen über seinen Hals, ohne den Maulkorb zu schließen.
- Halten Sie den Riemen dort fest, ohne den Maulkorb zu schließen.
- Bewegen Sie den Riemen an seinem Hals.
- Schließen und öffnen Sie die Schnalle.
- Lassen Sie die Schnalle geschlossen, belohnen Sie den Hund und öffnen Sie den Verschluss wieder.
- Steigern Sie allmählich die Dauer mit verschlossener Schnalle.
- Verändern Sie Ihre Position oder die des Hundes. Fordern Sie ihn auf, mit Ihnen zu gehen. Füttern Sie dabei viel.

- Beschäftigen Sie Ihren Hund mit Maulkorb (z.B. durch Aufforderungen zum Mitkommen). Lenken Sie ihn vom Tragen des Maulkorbes ab, indem Sie mit ihm sprechen oder mit etwas beschäftigen.
- Als nächsten Schritt reduzieren Sie diese Ablenkungen.
- Bauen Sie die Dauer des Maulkorbtragens aus.
- Ziehen Sie den Maulkorb immer aus, während Ihr Hund ihn noch gerne trägt.

Durch dieses Training wird der Maulkorb für den Hund zu einem angenehmen Gegenstand. Damit das auch so bleibt, sollte er in Zukunft häufiger in positiven oder neutralen Situationen (nur so zum Üben) als in negativen Situationen getragen werden (z.B. nicht ausschließlich beim Tierarzt).

Wichtig für den fachgerechten Umgang ist:
Bleiben Sie immer in der Nähe, wenn Ihr Hund den Maulkorb trägt. Beschränken Sie die Tragedauer auf maximal eine Stunde, nachdem der Hund behutsam an den Maulkorb gewöhnt wurde.

ANHANG C

Der hyperaktive Hund im Training

ANHANG C
Der hyperaktive Hund im Training

Bevor Sie das Training beginnen...

...bedenken Sie Folgendes: Unsere Erwartungen an die Ausdauer und Lerngeschwindigkeit unserer Hunde sind oft nicht hundegemäß! Stundenlanges Training mit mehrfach wiederholten Übungen ist für Hunde unnatürlich. Viele Hunde können jedoch lernen, andauerndes Training aus- und durchzuhalten. Trotzdem: Ist ein Hund nicht in der Lage, in einer Gruppe zu trainieren, eine Stunde konzentriert durchzuhalten oder eine Übung mehrmals erfolgreich auszuführen, wird er unruhig oder beginnt zu bellen, dann ist er nicht automatisch hyperaktiv. Stattdessen sollte überprüft werden, ob das Training den Lernbedürfnissen dieses Hundes entspricht.

Hyperaktive Hunde können das Training in einer Gruppe, häufig wiederholte Übungen und lange pausenfreie Phasen nicht durchhalten. Ihre Trainierbarkeit wird unter ungünstigen Bedingungen nicht besser, sondern immer schlechter!

Daher ist es wichtig:

Beginnen wir, einen Hund zu trainieren, so muss seine Fähigkeit zur Konzentration und zum Lernen beobachtet und beim Training unbedingt berücksichtigt werden. Geschieht dies nicht, kann es passieren, dass ein Hund mit geringen hyperaktiven Tendenzen im Training immer unruhiger und unkonzentrierter wird.

Auch andere Trainingsfehler können Konzentration und Lernvermögen beeinträchtigen. Dazu gehören: harte Trainingsmethoden, zu wenig Ruhephasen im Training und wiederholte Überforderung des Hundes. Auch die Motivation eines Hundes über Spiel kann den gemeinsamen Trainingserfolg erheblich beeinträchtigen. Durch das lebhafte Spiel kann der Erregungslevel erheblich steigen, wodurch ruhiges Verhalten und Konzentration unmöglich werden. Deshalb muss bei der Beurteilung, ob eine Konzentrations- oder Lernschwäche vorliegt, unbedingt berücksichtigt werden, auf welche Art und Weise Trainingsversuche unternommen wurden.

TRAINING, TRAINING, TRAINING – ABER WIE?

Hyperaktive Hunde sollten Gehorsamsübungen trainieren, denn ein gut durchgeführtes Training fördert ihre Fähigkeit zu fokussieren, sich selbst zu bremsen (Impulskontrolle) und Frustration auszuhalten (weil die Belohnung nicht sofort kommt). Dies gilt jedoch nur für ein Training mit hoher Qualität.

WAS TRAINIEREN?

Grundsätzlich kann ein hyperaktiver Hund dieselben Trainingsinhalte wie jeder andere Hund üben. Die Art des Trainings muss jedoch seinen Bedürfnissen angepasst werden. Außerdem sollten alle Übungen ausgelassen werden, die ihn aktivieren. Ergänzend zu diesen Inhalten wurden im Anhang B nützliche Signale für hyperaktive Hunde vorgestellt. Weitere Übungen können dem Kapitel „Therapie" entnommen werden, hierzu gehören zum Beispiel Entspannungsübungen, Fokusübungen oder Übungen aus der Körperarbeit.

PASSEN SIE DAS TRAINING DEN ANFORDERUNGEN IHRES HUNDES AN

Hyperaktive Hunde brauchen ein besonders sorgfältiges und durchdachtes Training! Folgende Hinweise helfen dabei:

ALS ERSTES LERNT DER MENSCH, DANN DER HUND!

Gute Kenntnisse über das Lernen von Hunden und den Aufbau von Signalen helfen Ihnen, zielstrebig vorzugehen und Fehler zu vermeiden (Buchempfehlungen in Anhang F).

BETREUUNG

Es ist sehr wichtig, dass Fehler in der Trainingstechnik möglichst vermieden werden, denn auch kleine Fehler können beim hyperaktiven Hund Frustration auslösen, was wiederum seine Unruhe steigert. Weil eine zweite Person Details sieht, die Ihnen selber eventuell nicht auffallen, sollten Sie sich unbedingt von einem Trainer oder einer Trainerin betreuen lassen, der oder die gut beobachten kann und sich in den Lerngesetzen gut auskennt. Vorteilhaft ist auch ein Wissen um verschiedene Trainingswege, damit gewechselt werden kann, wenn eine Technik nicht funktioniert, und Kenntnisse über die besonderen Bedürfnisse von hyperaktiven Hunden und ihre speziellen Anforderungen im Training. Auch wenn Sie selber umfangreiche Erfahrungen im Training von Hunden haben, sollten Sie sich betreuen lassen! Denn ein Beobachter sieht immer mehr als eine Person mitten im Geschehen!

TRAINIEREN SIE RUHE

Achten Sie beim Training darauf, dass Ihr Hund sich in möglichst ruhiger Stimmung befindet und so konzentriert arbeitet, wie es ihm möglich ist. Tatsächlich sollten Ruhe und Konzentration zunächst die wichtigsten Trainingsziele sein! Wenn Sie darauf achten, wird Ihr Hund im Training nach und nach immer aufmerksamer mitmachen können. Denn Stimmung und Fokus werden mit der Trainingssituation und den Signalen verknüpft! So kann es zum Beispiel sein, dass ein ruhig und konzentriert geübtes „bei Fuß"-Signal Ihren Hund später automatisch in ruhige und konzentrierte Stimmung versetzt.

Jedes neue oder schwierige Signal und alle Übungen, bei denen der Hund sich schnell bewegen muss (z.B. beim Abruf), bringen ihn vorübergehend in leichte Aufregung. Setzen Sie dann sofort beruhigende Maßnahmen ein – dann wird ungünstiges Lernen vermieden und Sie lehren ihn schnelles Entspannen nach Aufregung!

ABLENKUNGSARME UMGEBUNG

Trainieren Sie unbedingt in einer Umgebung, die Ihren Hund nicht interessiert. Sie können zum Beispiel zu Hause im Wohnzimmer trainieren, im Garten oder auf einem Parkplatz, den Ihr Hund sehr gut kennt. Trainingsumgebungen außerhalb Ihres täglichen Umfeldes können Sie vorher aufsuchen und vom Hund erkunden lassen, so dass sich der „Reiz des Neuen" für ihn verliert.

RENNPAUSEN ODER RUHEPAUSEN?

Pausen verbringt der Hund am besten in ruhiger Weise, zum Beispiel mit Kauen, Spazierengehen oder einem kurzen Aufenthalt im Auto, wenn die Witterung dies zulässt. Manche Hunde profitieren auch von einer kurzen Freilaufphase. Achten Sie dabei jedoch darauf, dass Ihr Hund sich nicht in immer größere Aufregung „hineinrennt". Halten Sie Rennphasen kurz (nur ein paar Minuten) und bewegen Sie sich dabei langsam und immer von Ihrem Hund weg. Er sollte in Trainingspausen nicht spielen, da die hohe emotionale Bedeutung des Spiels vorher Erlerntes verdrängen könnte.

DER HALTER MUSS ÜBEN

Gewöhnen Sie sich daran, im Zusammensein mit Ihrem Hund nur fließende ruhige Bewegungen zu machen und Überflüssiges wegzulassen. Vermeiden Sie alle Bewegungen, die bedrohlich wirken könnten.

Arbeiten Sie mit angeleintem Hund, muss Ihre Leinenhand ruhig gehalten werden. Eine unabsichtliche und viele absichtliche Bewegungen werden vom Hund als irritierend erlebt – und stimulieren ihn unnötig.

Die ablenkungsarme Umgebung ist so wichtig, dass hyperaktive Hunde an keinem Gruppentraining teilnehmen sollten, denn die Bewegungen der anderen Hunde und Menschen wirken zu störend. Erst wenn der Hund ein recht hohes Leistungsniveau erreicht hat, können weitere Hunde hinzugenommen werden.

SEHR KURZE ZEITEINHEITEN

Die einzelnen Übungen werden zu Anfang nur ein paar Sekunden lang ausgeführt. Wiederholen Sie eine Übung höchstens zwei Mal. Machen Sie eine kurze Pause und schließen Sie erst dann die nächste Übung an. Trainieren Sie nur ein paar Minuten, maximal 15 Minuten. Bei Betreuung durch einen Trainer/ eine Trainerin kann sich diese Zeit verlängern, da in der Regel einiges besprochen werden muss. Die Trainingsdauer kann mit zunehmendem Leistungsstand ausgedehnt werden.

Ganz gezielt sollten Sie Bewegungen einsetzen, um Hörsignale zu unterstützen. Achten Sie dabei auf eine sehr klare Signalgebung! Kontrollieren Sie sich selbst und lassen Sie sich kontrollieren. Verwenden Sie akustische und optische Signale, die sich deutlich unterscheiden. Achten Sie darauf, die Signale immer gleich auszusprechen, also dasselbe

Wort, dieselbe Tonhöhe, dieselbe Melodie, dieselbe Lautstärke. Kombinieren Sie diese mit Sichtzeichen. Am besten üben Sie nicht nur eine Handbewegung, sondern auch eine bestimmte Körperhaltung und -bewegung ein, damit möglichst wenig Gefahr besteht, ungewollt optische Signale auszusenden – denn Ihr hyperaktiver Hund wird sie garantiert bemerken!

Es ist sinnvoll, diese Bewegungen zunächst „trocken", das heißt ohne Hund, einzuüben. Es kann sehr erhellend und hilfreich sein, eine Videoaufnahme vom Training anzufertigen, um die eigenen Bewegungen beim Anschauen der Aufnahmen zu beurteilen.

WAHL DER BELOHNUNG

Ihr Hund muss ein starkes Interesse an der Belohnung haben, damit er fokussieren kann; sie darf ihn jedoch nicht aufregen. Am besten trainieren Sie mit Futter. Experimentieren Sie, bis Sie geeignete Leckerchen gefunden haben. Eventuell müssen Sie immer mal wechseln, damit das Futter interessant bleibt, oder auch einmal eine Mahlzeit vor dem Training auslassen.

Es ist übrigens nicht selten, dass ein aufgeregter Hund gar nicht in der Lage ist, Futter anzunehmen. Ein solcher Hund kann (und sollte) trotzdem vom Training mit fressbarer Belohnung profitieren! Er sollte in einer ruhigen Minute in ablenkungsarmer Umgebung sehr leckeres Futter von seinem Menschen angeboten bekommen. Dabei wird darauf geachtet, dass der Hund sich nicht bedrängt fühlt. Auch das Rollen von Futter über den Boden kann es interessanter machen! Nimmt er das Futter, wird er gelobt und erhält zunächst einfach so einige Leckerchen. Nach und nach werden kleine Aufgaben eingebaut. Für den Anfang eignen sich Futtersuchspiele und leichte Aufmerksamkeitsübungen wie die „Targethand". Diese Einstiegsübungen sollten den Hund zu schnellem Erfolg führen! Ist sein Interesse geweckt, können weitere Übungen ergänzt werden. So entwickelt der Hund Freude an der Zusammenarbeit, die er allmählich auch in ablenkungsreicheren Situationen zeigen kann!

DIE BELOHNUNGSRATE

Die Häufigkeit der Belohnungen muss bei hyperaktiven Hunden sehr hoch sein und oft lebenslang vergleichsweise hoch bleiben. Zu Beginn des Trainings kann es sein, dass Sie beim Üben Belohnungen im Sekundentakt oder einfach so schnell wie möglich reichen müssen. Gelingt die Übung gut, dann bleiben Sie eine Zeit lang bei dieser häufigen Belohnung und bauen erst nach und nach Abstände zwischen zwei Belohnungen ein.

DER HUND MUSS WOLLEN!

Wenn die Belohnungsrate recht hoch ist, dann wird für den Hund sehr klar, wie bedauerlich es ist, wenn eine Übung beendet wird, denn nun gibt es keine Belohnung mehr! Haben Sie zum Beispiel das Sitzen geübt, dann wurde der Hund gefüttert, gefüttert, gefüttert – und dann mit einem Signal freigegeben. Nach der Freigabe erhält der Hund kein Futter mehr.

So versteht er bald, dass es von großem Vorteil ist, zu sitzen! Er will unbedingt sitzen bleiben und bedauert das Ende der Übung. Dieses Prinzip „Mitarbeit ist schöner als Aufhören" gilt für jeden Trainingsinhalt!

LOCKEN, LOCKEN, LOCKEN

Viele Hunde werden mit Locken trainiert. Das heißt, sie werden mit Hilfe eines Leckerchens in die gewünschte Position gebracht, z.B. ins „sitz" oder in die „bei Fuß"-Position. Dies ist für hyperaktive Hunde ganz besonders nützlich! Ein interessantes Lockmittel (z.B. ein Leckerchen) hilft ihnen, sich zu konzentrieren und Umgebungsreize auszublenden. Bei „normalen" Hunden lässt man das Lockmittel recht bald weg und belohnt den Hund, wenn er trotzdem gehorcht. Ein hyperaktiver Hund braucht die Hilfestellung des Lockmittels länger. Denn es geht bei ihm ja nicht nur darum, ein Verhalten auszuführen – er muss auch lernen, die Umgebung auszublenden! Wird Futter als Lockmittel nach und nach weggelassen, dann ist es notwendig, weiterhin Sichtzeichen zu verwenden: Die Bewegung der Hand wirkt dann lockend und hilft dem Hund, weiter hinzuschauen, sich zu konzentrieren und sich an die richtige Ausführung eines Verhaltens zu erinnern.

Übrigens: Achten Sie genau darauf, wann Sie das Lockmittel anbieten! Das Auftauchen von Futter belohnt das Verhalten, das der Hund in diesem Moment ausführt. Wenn er gerade bellt, an der Leine zieht oder hochspringt, warten Sie zunächst, bis er damit aufhört, bevor Sie ihm ein Leckerchen zeigen! Ähnliches gilt für eine fehlgeschlagene Übung: Reagiert Ihr Hund nicht auf ein Signal von Ihnen, dann warten Sie etwas ab oder gehen Sie ein paar Schritte, bevor Sie die Übung mit Lockmittel wiederholen.

DEN GANZEN KÖRPER TRAINIEREN

Denken Sie bei hyperaktiven Hunden nicht in vagen Vorstellungen! „Bei Fuß"-Gehen zum Beispiel darf nicht nur bedeuten, dass der Hund neben dem Menschen geht. Stattdessen ist es hilfreicher, den Hund nach und nach eine exakte Position (z.B. Schulter neben Bein) zu lehren und gleichzeitig seinen Blick auf den Menschen zu richten. Setzen Sie Ihre Trainingstechnik ein, um dies zu erreichen. Haben Sie ein klares Bild von Ihrer Übung im Kopf, nutzen Sie Lockmittel und Bewegungen, um den Hund zu lenken und „markern" und belohnen Sie genau zum richtigen Zeitpunkt. Es geht dabei nicht darum, Präzision durchzusetzen – sondern dem Hund mit klaren Definitionen zu helfen. Denn hier wird wieder in positiver Weise seine Wahlfreiheit eingeschränkt: Er ist nicht im Konflikt darüber, ob er schneller oder langsamer gehen, nach rechts oder links schauen, sitzen oder liegen soll, weil sich nur ein ganz bestimmtes Verhalten lohnt.

GENAUES HINSCHAUEN ZAHLT SICH AUS

Lernen Sie Ihren Hund zu beobachten, damit Sie kleine Verhaltensweisen des Hundes (z.B. Hinweise auf Nicht-Verstehen, zunehmendes Interesse für Ablenkungen, erste Anzeichen von Unruhe, die einen Anfall von Herumspringen und Beißeln ankündigen) erkennen und schnell eingreifen können. Lassen Sie sich daher von einem Trainer/ einer Trainerin beaufsichtigen!

Übrigens: Eine Videoaufnahme des Hundes im Training kann entscheidend dazu beitragen, Ursachen für Aufregung oder mangelnden Trainingsfortschritt aufzudecken.

KEINE ÜBERFORDERUNG!

Durch solche Beobachtungen können Sie Überforderungen Ihres Hundes vermeiden. Wenn er Anzeichen von Konflikt (z.B. Beschwichtigungssignale oder Übersprungsverhalten) zeigt oder Fehler macht, oder wenn seine Unruhe etwas zunimmt, dann machen Sie eine Pause und beginnen danach wieder auf einfacherem Niveau, denn diese Verunsicherung prägt sich ein. Für den hyperaktiven Hund wünschen wir uns aber das Gegenteil: Er soll möglichst häufig genau wissen, was zu tun ist, und sich gut darauf konzentrieren können.

Gehen Sie bei der nächsten Übungseinheit nicht davon aus, dass Ihr Hund sich noch an alles erinnert, was Sie geübt haben! Beginnen Sie mit einfachen Übungen. Bei manchen hyperaktiven Hunden scheint man jedes Mal von vorne anzufangen – sie müssen erst „lernen zu lernen"!

PLANEN SIE DEN ERFOLG!

Planen Sie alle Übungen so, dass sie garantiert gelingen. Arbeiten Sie so vorausschauend, dass Ihr Hund möglichst keinen Fehler macht (z.B. aus dem „Platz" aufsteht). Dies gilt für jeden Hund – aber ganz besonders für hyperaktive Hunde, denn das Unterbrechen einer Übung, um etwas anderes zu tun, ist ausgesprochen verlockend für sie. Es ist also ganz besonders wichtig, dass sie das vom Menschen geplante Verhalten üben – und gleichzeitig lernen die Hunde, andere Impulse zu bremsen. Jeder Fehler macht diesen Fortschritt kleiner und fördert den Konflikt im Hund. Man könnte meinen, er frage sich dann: „Darf ich aufstehen? Soll ich jetzt aufstehen? Neulich bin ich aufgestanden, und es hat sich gut angefühlt, also stehe ich jetzt auf? Oder nicht?"

KLEINSTE STEIGERUNGSSCHRITTE

Planen Sie Ihr Training in sehr kleinen Schritten. Rechnen Sie damit, lange auf einem Leistungsniveau zu bleiben, bis Ihr Hund in der Lage ist, die Übung zuverlässig auszuführen. Erst dann führen Sie eine kleine Steigerung ein. Suchen Sie immer nach einem möglichst kleinen Steigerungsschritt, damit Sie Ihren Hund von einem kleinen Fortschritt zum nächsten führen können – mit möglichst wenigen Rückschritten.

EIN BEISPIEL FÜR KLEINE STEIGERUNGSSCHRITTE ANHAND DER ÜBUNG „PLATZ":

Wenn Ihr Hund zum Beispiel in der Lage ist sich hinzulegen, wenn Sie ihn mit Futter in der Hand ins „Platz" locken, dann nehmen Sie als nächsten winzigkleinen Steigerungsschritt mehrere Futterbröckchen in die Hand und geben Sie diese nacheinander frei, während Ihr Hund liegt. Wenn dies gut gelingt, vergrößern Sie ab und zu den zeitlichen Abstand zwischen zwei Leckerchen um eine winzige Zeitspanne. Versuchen Sie dabei, die Futterbröckchen vor allem dann freizugeben, wenn Ihr Hund etwas ruhiger liegt (z.B. weniger intensiv an Ihrer Hand leckt oder schubst) oder seine Schnauze sich sogar ein klein wenig von Ihrer Hand entfernt. Merken Sie, dass Ihr Hund ruhiger liegt und weniger stark fordert? Dann bleiben Sie dabei, keine Unruhe zu belohnen, und arbeiten gleichzeitig auf den Faktor Zeit hin. Vergrößern Sie diese winzige Zeitspanne nach und nach immer weiter. Steigern Sie die Zeiten jedoch nicht kontinuierlich, sondern wechseln Sie zwischen kurzen, mittleren und etwas längeren Zeitspannen hin und her.

Vergessen Sie nicht, das Freigabesignal zu geben, bevor Ihr Hund von selbst aufsteht!

Ist Ihr Hund unkonzentriert, lernt aber eigentlich recht gut, wenn er sich denn mal konzentrieren kann…? Dann gilt die Regel „kleinste Steigerungsschritte" für Sie trotzdem! Bemühen Sie sich um optimale Trainingstechnik (d.h. gutes Timing, klare Signale usw.) und halten Sie sich nicht zu lange auf einem Leistungsniveau auf. Immer dieselbe Übung wird für solche Hunde langweilig. Bieten Sie diesen Hunden immer wieder kleine Variationen an: Steigern Sie die Übungsanforderungen oder üben Sie jedes Mal in leicht veränderter Umgebung, mit einer anderen Position oder Haltung zum Hund.

SORGFÄLTIGE GENERALISIERUNG UND ABLENKUNGSLISTEN

Beherrscht Ihr Hund ein Verhalten gut, dann planen Sie seine Generalisierung. Dies bedeutet, dass Ihr Hund nun lernen soll, das Erlernte an verschiedenen Orten zu zeigen. Wechseln Sie in eine andere Zimmerecke oder gehen Sie auf dem Hundeplatz zehn Schritte weiter. Üben Sie neben verschiedenen Möbelstücken oder neben verschiedenen Geräten auf dem Hundeplatz. Danach trainieren Sie in verschiedenen Zimmern oder vor dem Zaun des Trainingsgeländes. Machen Sie sich dann auf die Suche nach weiteren ruhigen Trainingsumgebungen, von denen Sie wissen, dass Ihr Hund sie relativ gelassen ertragen kann. Dies kann eine Garage sein, ein ruhiger Feldweg, die Wohnung von Freunden oder ein leerer Parkplatz im Gewerbegebiet am Wochenende. Wenn Sie diese Umgebung zum ersten Mal aufsuchen, lassen Sie Ihren Hund nur erkunden und belohnen Sie jede Orientierung (d.h. jede Annäherung und jeden Blick) zu Ihnen. Wenn es Ihrem Hund hilft, darf er Futter am Boden suchen. Als erste Übungen eignen sich das Ansprechen mit dem Aufmerksamkeitssignal oder das Folgen der Leckerchenhand. Erst wenn Ihr Hund ruhig genug ist, um diese einfachen Übungen auszuführen, können Sie weitere Übungen wiederholen. So können Sie nach und nach mit immer schwierigeren Umgebungen arbeiten.

Die Gewöhnung an den Gehorsam in verschiedenen Umgebungen können Sie durch Ablenkungstraining unterstützen. Trainieren Sie dazu in einer Umgebung, die Ihrem Hund vertraut ist. Zum Ablenkungstraining können Sie zum Beispiel Gegenstände auf den Boden legen, gegen die Wand lehnen oder an den Zaun hängen. Verwenden Sie Dinge, die für den Hund wenig Bedeutung haben, zum Beispiel einen Eimer oder einen Besen. Lassen Sie Ihren Hund kurz erkunden, bevor Sie mit dem Training beginnen. Ab dem fünften Gegenstand versuchen Sie, zunächst Übungen zu machen, bevor Ihr Hund den Gegenstand erkunden darf. Verwenden Sie denselben Gegenstand, bis er Ihrem Hund gleichgültig ist. Dann wechseln Sie zu einem anderen. Arbeiten Sie mit mindestens zehn verschiedenen Gegenständen, bevor Sie schwierigere Dinge einsetzen. Überlegen Sie sich dazu zehn Gegenstände, die leichtes Interesse wecken, zum Beispiel weil sie ein leises Geräusch von sich geben (z.B. ein Radio) oder sich etwas bewegen (z.B. ein hängendes Tuch). Wenn möglich, lassen Sie Ihren Hund den Gegenstand erkunden – zunächst wieder vor dem Training, später erst nach einigen Übungen. Wenn Sie beide auch diese Dinge erfolgreich gemeistert haben, machen Sie sich auf die Suche nach noch schwierigeren!

VORSICHT BEI FRUSTRATIONSINTOLERANTEN HUNDEN!

Beim Gehorsamstraining vergeht eine kleine Zeitspanne, bevor der Hund seine Belohnung bekommt. So eine Verzögerung entsteht zum Beispiel, wenn mit einem Leckerchen gelockt wird oder wenn er zunächst auf ein Signal reagieren muss, bevor die Belohnung kommt. Dieser kleine Zeitabstand verbessert die Fähigkeit der Hunde, Frustration auszuhalten. Manche Hunde reagieren jedoch bereits auf eine sekundenlange Zeitverzögerung mit Aufregung.

Haben Sie einen solchen Hund, dann sollten Sie sich unbedingt Hilfe bei einer erfahrenen Fachperson suchen! Diese kann zum Beispiel raten:
- den trainierenden Menschen durch eine Leine oder ein Kindertürchen zu schützen, so dass der Hund nicht an ihm hochspringen kann.
- nur für jeweils sehr kurze Zeit zu üben (z.B. immer nur eine Übung lang).
- zunächst zufällig auftretendes Verhalten zu belohnen, zum Beispiel indem eine Zeit lang immer Futter fallen gelassen wird, wenn der Hund sich setzt. Dies wird dazu führen, dass der Hund das Verhalten immer häufiger ausführt. Gibt man dann rechtzeitig vor dem Ver-

halten ein Signal (z.B. „sitz" bevor der Hund sich von selbst setzt), so erlernt der Hund dieses Wort als Signal für das Verhalten. Auf diese Weise können auch „Platz", ein Aufmerksamkeitssignal, das Herankommen auf Ruf und das „bei Fuß"-Gehen eingeübt werden.

- weniger hochwertiges Futter zu verwenden, oder Futterstücke, die intensiv gekaut werden müssen, denn so gewinnt man etwas Zeit zwischen zwei Futtergaben.
- zum Locken ein gefülltes Futterspielzeug zu benutzen, hinter dem der Hund sich hinterher bewegen soll. Tut er dies, bekommt er das Spielzeug zur Belohnung.
- den Hund durch Handfütterung oder Futtersuche am Boden daran zu gewöhnen, Futterbröckchen nacheinander aufzunehmen. Bleibt er ruhig, kann eine kurze Zeitverzögerung und später eine Übung zwischen zwei Bröckchen eingebaut werden.
- nach entsprechender Gewöhnung mit Maulkorb zu trainieren.

GEDULD IST ALLES!

Erwarten Sie nicht, dass Ihr Hund in demselben Tempo lernt wie Nachbars Dackel. Bleiben Sie geduldig und trainieren Sie jeden Tag ein paar Minuten. Sie werden überrascht sein, wie viel Freude Ihnen die paar Trainingsminuten machen – und dass Ihr Hund auch in diesen kleinen Übungseinheiten tatsächlich dazulernt.

Lassen Sie sich nicht entmutigen, wenn einmal etwas nicht klappt. Überlegen Sie, woran es gelegen haben könnte. Stimmt Ihr Timing? Überprüfen Sie Ihre Körpersprache! Üben Sie die Handhabung noch einmal ohne Hund. Wenn diese Tipps nicht weiterhelfen: Vereinfachen Sie die Übung! Gehen Sie im Trainingsplan einfach ein paar Schritte zurück auf ein Niveau, das Ihr Hund garantiert beherrscht. Wiederholen Sie auf diesem Niveau einige Male, bevor Sie sich wieder steigern. Wenn dies auch nicht hilft: Dann schieben Sie die Durchführung dieser Übung auf und üben Sie zunächst etwas anderes. Mit etwas mehr Trainingserfahrung gelingen auch kompliziertere Abläufe!

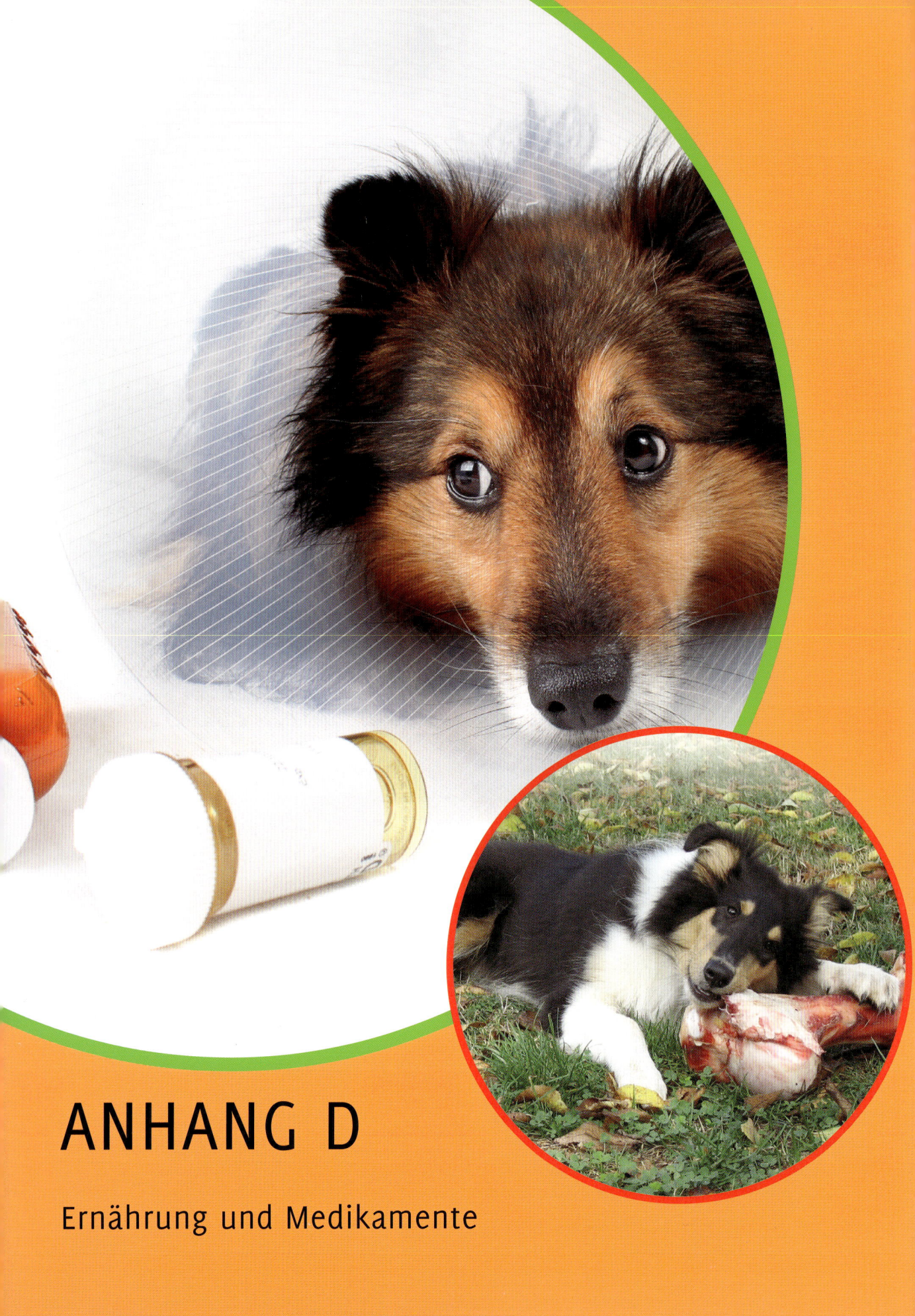

ANHANG D

Ernährung und Medikamente

ANHANG D
Ernährung und Medikamente

KANN ERNÄHRUNG HELFEN?

In der Therapie von hyperaktiven Kindern und Hunden werden verschiedene Theorien über den Einfluss von Ernährung auf das Verhalten der Betroffenen diskutiert. Viele dieser Theorien sind nicht belegt oder sogar umstritten.

Es ist jedoch ganz sicher gut, auf eine gesunde, ausgewogene Ernährung zu achten. Am gesündesten ist bei Mensch und Hund eine frisch zubereitete Mahlzeit. Jedoch: Wenn Sie das Futter Ihres Hundes selber zubereiten wollen, müssen Sie sich sehr gut auskennen! Und es erfordert besonders am Anfang einen höheren Zeitaufwand als die Fütterung mit Fertigfutter. Wenn Sie sich für ein Fertigfutter entscheiden, dann wählen Sie ein hochwertiges! Vermeiden Sie Farb-, Konservierungs- und Zusatzstoffe (Geschmacksverstärker, synthetische Vitamine usw.) so weit wie möglich.

Die Art der Ernährung beeinflusst den Serotonin-Spiegel im Gehirn. O´Heare schreibt: „Man geht ... davon aus, dass es sich bei Serotonin um ein Schlüsselelement handelt, dessen Mangel zu Impulsivität, ... hyperaktiver Funktionsstörung, Angst und Lernschwierigkeiten führt ..." (Strong, V. 1999 in „Die Neuropsychologie des Hundes" von J. O´Heare, 2009). Ein solcher Mangel sollte also unbedingt vermieden werden – ganz besonders beim hyperaktiven Hund! Folgende Hinweise helfen dabei:

- Die Nahrung des Hundes sollte den Serotonin-Vorläufer Tryptophan in ausreichender Menge enthalten. Tryptophanreich sind zum Beispiel Bananen, Haferflocken und Milchprodukte.
- Gleichzeitig sollten tyrosinhaltige Nahrungsmittelbestandteile (z.B. Mais) vermieden werden, da ein hoher Gehalt der Aminosäure Tyrosin die Aufnahme von Tryptophan ins Gehirn reduziert. Füttern Sie daher besonders hochwertige Proteinquellen, denn in ihnen ist das Verhältnis zwischen Tryptophan und Tyrosin günstiger.
- Eine vergleichsweise kohlenhydratreiche Ernährung (nicht mehr als 16–20% Protein in der Trockensubstanz) begünstigt die Aufnahme des Tryptophans ins Gehirn. Am besten werden zwei bis drei Stunden nach der proteinhaltigen Mahlzeit kohlenhydrathaltige Nahrungsmittel (z.B. eine Kartoffel, ein Zwieback oder ein Keks) gefüttert.
- Die Gabe von B-Vitaminen unterstützt die Umwandlung von Serotonin aus Tryptophan.

Übrigens: Das Buch von James O´Heare „Die Neuropsychologie des Hundes" enthält eine ausführliche Beschreibung zur Ernährungsumstellung.

Weitere Inhaltsstoffe können einen positiven Einfluss auf das Verhalten von Hunden haben: Neben essenziellen Fettsäuren (Omega-3- und -6-Fettsäuren, enthalten z.B. in Fischölkapseln) ist eine ausreichende Versorgung mit Magnesium, Calcium und B-Vitaminen notwendig für das fehlerfreie Funktionieren des Gehirns.

Derzeit sind einige Futterergänzungsmittel auf dem Markt, die Tryptophan, Magnesium, Calcium und B-Vitamine enthalten. Auch essenzielle Fettsäuren können durch käufliche Präparate ergänzt werden. Recht neu erhältlich ist ein Trockenfutter, das zusätzlich zu den genannten Nährstoffen einen Milch-Bestandteil enthält, der beruhigend wirken soll. Dieser Milchbestandteil, das a-Casozepin, kann auch in Tablettenform erworben und dem normalen Futter beigemengt werden.

Außerdem kann die Art und Weise, in der das Futter gereicht wird, das Verhalten unserer Hunde beeinflussen! In jedem Fall ist es sinnvoll, übermäßige Futterfrustration zu vermeiden. Dazu wird dem Hund ein Teil seiner täglichen Ration in kleinen Mahlzeiten (z.B. in drei Rationen über den Tag verteilt) und der Rest der täglichen Futtermenge aus der Hand (z.B. im Training oder bei der Nasenarbeit) gegeben. Wenn Sie die Mahlzeiten aus einem Kautschukspielzeug füttern, nutzen Sie gleichzeitig den beruhigenden Effekt von Kauaktivitäten! Darüber hinaus sollten Sie Ihrem Hund täglich Gelegenheit geben, etwas zu kauen oder auf etwas herumzunagen.

DER EINSATZ VON MEDIKAMENTEN

Wenn Mensch und Hund ganz erheblich unter den Symptomen der Hyperaktivität leiden, kann die Gabe eines Medikamentes erwogen werden. Die Auswahl des Medikamentes muss durch einen geschulten Tiermediziner erfolgen, denn sie ist nicht immer einfach.

Außerdem darf nicht erwartet werden, dass unter Medikamenteneinfluss „immer alles sofort besser" ist. In manchen Fällen versetzt das Medikament den Hund jedoch in die Lage, auf verhaltenstherapeutische Maßnahmen zu reagieren.

D.A.P.

D.A.P. ist ein Kürzel für „Dog Appeasement Pheromone". Es ist ein arteigener Duftstoff, der von der Zitzenregion säugender Hündinnen abgesondert wird. Untersuchungen belegen, dass dieser Duft auf viele Hunde beruhigend wirkt. Er kann zum Beispiel als Zerstäuber für die Steckdose erworben werden. Bringen Sie den Zerstäuber zunächst in einem Raum an, den Ihr Hund verlassen kann, und beobachten Sie, wie er auf den Geruch reagiert. Meidet er die Nähe des Zerstäubers oder den Raum, dann sollten Sie D.A.P. nicht weiter verwenden. Akzeptiert er ihn oder sucht er sogar die Nähe, so kann er in dem Raum angebracht werden, in dem sich Ihr Hund am häufigsten aufhält. Behalten Sie jedoch weiterhin im Auge, wie Ihr Hund sich in der Nähe des Geruches verhält, und entfernen Sie das Gerät, wenn er beginnt sich fernzuhalten.

NATURHEILKUNDLICHE VERFAHREN

Bei Hyperaktivität können Arzneimittel wie Homöopathika oder Bach-Blütenpräparate eingesetzt werden. Auch Berührungstherapien wie Tellington-Touch werden erfolgreich angewendet. Entscheidend bei der Anwendung von naturheilkundlichen Verfahren ist die Begleitung durch eine erfahrene Fachperson.

ANHANG E

Vorbeugung im Training und in der Welpenstunde
Hinweise für Trainer

ANHANG E
Vorbeugung im Training und in der Welpenstunde
Hinweise für Trainer

Wenn junge Hunde ins Training aufgenommen werden, die aufgrund Ihrer Zuchtlinie (z.B. Herkunft aus Arbeits- oder Gebrauchslinien) Gefahr laufen könnten, hyperaktiv zu werden, oder die erste Anzeichen für besondere Aktivität in ihrem Verhalten zeigen (z.B. sehr hohe Bellneigung, Unfähigkeit, das Gehen an der Leine zu erlernen, Berichte über Unruhe zu Hause, große und ausdauernde Neigung zum Beißeln, sehr heftiges Spiel evtl. sogar mit Verletzung der anderen Hunde, starke Ablenkbarkeit im Training, starke Reaktionen auf Bewegungsreize oder auf Annäherung von Mensch oder Hund), kann der Trainer/ die Trainerin durch Trainingsgestaltung und Beratung der Halter die weitere Entwicklung des Hundes gezielt beeinflussen.

INTENSIVE BETREUUNG

Beobachten und beraten Sie dieses Team besonders gründlich. Es sollten sich möglichst keine Fehler einschleichen. Fragen Sie gezielt nach Merkmalen der Hyperaktivität, Anzeichen von entstehenden Ängsten und von Stress, die im Alltag auftreten.

SENSORISCHE DIÄT – AUCH IM TRAINING

Beobachten Sie sorgfältig, welche Reize den Hund im Training stimulieren, wie zum Beispiel die Nähe von Menschen oder anderen Hunden, Bewegungen, Frust, Konflikte, Stimulation durch Anspannung der Leine. Reduzieren Sie diese Reize so weit, dass der Hund Ruheübungen und ein altersgemäßes Gehorsamstraining mitmachen kann. Dazu können Sie Sichtschutz (z.B. Kartons, Stühle oder ein Stück mobiler Schafzaun mit darüber hängenden Decken) verwenden oder einfach den Abstand vergrößern. Schulen Sie die Halter, den Erregungslevel ihres Hundes selbständig im Auge zu behalten und ihn durch Ruheübungen, Vergrößerung des Abstandes zum stimulierenden Reiz oder Aufsuchen eines Sichtschutzes zu regulieren. Das Training in der Gruppe bietet eine Menge stimulierender Reize, zum Beispiel die Lautgebung und Bewegungen der anderen Hunde und Menschen. Dies kann für solche Hunde zu viel sein, weshalb es für sie sinnvoll ist, die zeitliche Dauer zu begrenzen, die sie am Gruppentraining teilnehmen. Kann das Team auch von einem auf solche Weise optimierten Training nicht profitieren, so ist es ratsam, ganz zum Einzeltraining zu wechseln.

GEWÖHNUNG AN UMWELTREIZE

Das Erkunden von neuen Umgebungen und Gegenständen, die Gewöhnung an Geräusche und andere Umgebungsreize helfen, eine übermäßige Reizempfindlichkeit zu verhindern. Üben Sie den Umgang mit bewegten Umgebungsreizen (Autos, Jogger, Fahrräder...), insbesondere mit Wildtieren ein. Überlassen Sie es nicht dem Zufall, wie auf diese Reize, die sehr häufig unerwünschtes Ver-

halten auslösen, reagiert wird. Trainieren Sie stattdessen ein erwünschtes Verhalten beim Anblick des Auslösers, wie zum Beispiel Anschauen des Halters oder Hinsetzen.

Entscheidend bei jeder Art von Umweltgewöhnung ist, dass Überforderung (sichtbar durch Angst oder Aufregung) vermieden wird. Fragen Sie nach, wie sich der Hund in den Stunden und Tagen nach dem Training verhalten hat. Manche Hunde scheinen im Training ruhig und das Ausmaß der Anstrengung wird erst in der Erholungsphase sichtbar!

UMGANG MIT MENSCHEN

Auch diese Situation sollte gezielt gestaltet werden, bevor der Hund ein unerwünschtes Verhalten einübt. Trainieren Sie das Hinsetzen bei direkter Annäherung von Menschen (statt Hochspringen zuzulassen) und beim Hereinkommen von Menschen durch die Haustür, sowie die Orientierung zum Halter bei Begegnungen auf dem Spaziergang.

UMGANG MIT HUNDEN

Beobachten Sie freilaufende Hunde sehr sorgfältig. Unterbrechen Sie eine Begegnung, bevor unerwünschte Verhaltensweisen auftreten, oder wenn die Aufregung deutlich ansteigt. Ein gemeinsamer Spaziergang ist in jedem Fall besser als das freie Laufen auf einer eingezäunten Wiese, die sonst keine Ablenkungen bietet. Üben Sie auch Begegnungssituationen: Hund und Halter sollten wissen, wie sie mit Begegnungen auf dem Spaziergang mit und ohne Erlaubnis zum Schnupperkontakt umgehen sollen.

STRUKTUREN FÜR ZU HAUSE

Lebhafte Hunde brauchen klare Strukturen. Dazu gehören:

- Ein regelmäßiger Tagesablauf.
- Zuwendung und andere angenehme Dinge passieren nur, wenn der Hund ein erwünschtes, am besten ruhiges, Verhalten zeigt.
- Unruhe wird ignoriert (soweit möglich) oder schnell und sachlich unterbrochen.
- Zufällige Ruhe wird durch Anschauen oder ein ruhiges (!) Wort belohnt.
- Aufmerksamkeitsheischendes Verhalten darf nur dann beantwortet werden, wenn keine Laute oder körperliches Bedrängen des Menschen beteiligt sind. Die Halter sollten absprechen, welches Verhalten beantwortet werden darf (z.B. ein Sitzen vor dem Menschen). Dieses sollte jedoch nicht jedes Mal beantwortet werden.

- Nicht alle Ressourcen (Futter, Spielzeug, Garten, Sofas, Menschen usw.) sind frei zugänglich. Futter sollte nur zu den Mahlzeiten (oder beim Üben) angeboten werden. Das Liegen auf dem Sofa sollte nur nach Aufforderung durch den Menschen erlaubt sein. Durch geschlossene Türen wird dafür gesorgt, dass nicht alle Räume und der Garten permanent frei aufgesucht werden können. Geschlossene Türen bieten eine Art „Frustrationstraining": der Zugang zu dem Raum dahinter steht dem Hund nicht zur Verfügung.
- Die im Kapitel „Wichtige Werkzeuge" vorgestellten Regeln werden eingeführt.

Diese Strukturen sind ausgesprochen nützlich für die Entwicklung von Impulskontrolle und Frustrationstoleranz!

RUHEÜBUNGEN

Klären Sie, ob zu Hause ausreichend Ruhephasen angeboten werden. Bei einigen Hunden muss durch Hilfsmaßnahmen (z.B. Boxentraining) dafür gesorgt werden, dass der Hund zur Ruhe kommen kann. Ruheübungen (Liegen auf der Decke, Entspannungstechniken) sollten fester und häufiger Bestandteil des Trainings sein und auch zu Hause durchgeführt werden. Achten Sie darauf, dass das Einsperren in die Box oder das Schicken auf die Decke nicht missbraucht werden, weil der Hund seinem Halter lästig wird und „abgestellt" werden soll!

WEITERE NÜTZLICHE ÜBUNGEN

Die Vorteile des Gehorsamstrainings sollten von Anfang an genutzt werden. Üben Sie alle Signale (s. Anhang B) ein, die für diesen speziellen Hund nützlich sind.

ALARMSIGNALE: JETZT MUSS DAS TRAINING UNTERBROCHEN WERDEN!

Stressgesicht, Bellen, Futterverweigerung, steigende Unruhe, zunehmendes Ziehen an der Leine, Beißen oder Hochspringen sind Anzeichen für einen hohen oder steigenden Erregungslevel. Unterbrechen Sie das Training bei ersten Hinweisen auf diese Verhaltensweisen. Machen Sie eine Pause! Wenn Sie unterwegs sind am besten durch eine Ruheübung oder, bei entsprechender Witterung, im Auto.

> **Alarmsignale:**
> **Ein gezieltes Eingreifen durch Beratung und/ oder Einzeltraining ist erforderlich!**
> Es gibt Verhaltensweisen mit einer so starken Tendenz zur Verschlimmerung, dass sofort intensivere Maßnahmen erforderlich sind. Dazu gehören:
> - längere Bellphasen
> - wiederkehrendes oder andauerndes Winseln oder Jaulen
> - wiederholtes oder andauerndes Beißeln
> - Leineziehen, das in der Gruppe nicht behoben werden kann
> - das Jagen von Autos, Radfahrern, Joggern oder Tieren
> - Verbellen bei Begegnungen
> - sehr aufgeregte oder drohende Reaktion auf Besucher
> - starke Angstreaktionen
> - wiederholte Aggression gegen Menschen oder andere Hunde
> - ausgedehnte „Rennanfälle"

ANHANG F

Quellen und Literaturempfehlungen

ANHANG F
Quellen und Literaturempfehlungen

Das deutsche Tierschutzgesetz
    http://bundesrecht.juris.de/tierschg/

Becker, K., Wehmeier, P.M., Schmidt, M.H. 2005
    „Das noradrenerge Transmittersystem bei ADHS"

Brown, A. 2007
    "Focus, Not Fear"

Brown, A. 2004
    "Scaredy Dog"

Dodman, N. 2000
    "Dogs behaving badly"

Kahl, K.G., Puls, J.H., Schmid, G. 2007
    „Praxishandbuch ADHS"

Lindsay, S. 2001 und 2005
    "Applied Dog Behavior And Training"

McConnell, P. 2002
    „Das andere Ende der Leine"

McConnell, P. 2006
    „Liebst Du mich auch?"

O'Heare, J. 2008
    „Die Neuropsychologie des Hundes"

Parsons, P. 2005
    "Click to Calm"

Rugaas, T. 2001
    „Calming Signals: Die Beschwichtigungssignale der Hunde"

Rugaas, T. 2007
    „Das Bellverhalten der Hunde"

Ryan, T. 2000
    „The Bark Stops Here"

Schaefgen, R. 1999
    „Aufmerksamkeits-Defizit-Syndrom"

Schaefgen, R. 1994
    „Sensorische Integration – eine Form der sensorischen Integrationsstörung"

Schneider, Dorothee 2005
    „Die Welt in seinem Kopf"

Scholz, M., v. Reinhardt, C. 2003
    „Stress bei Hunden"

Sforzini, E. et. al. 2009
    "Evaluation of young and adult dogs reactivity" in Journal of Veterinary Behavior, Vol. 4, No.1

Sondermann, Ch. 2005
    „Das große Spielebuch für Hunde"

Sondermann, Ch., Hense, M. 2007
    „Spiele für die Hundestunde"

Vas, J., Topal, J., Pech, E., Miklosi, A. 2006
    „Measuring attention deficit and activity in dogs: A new application and validation of a human ADHD questionnaire" Appl. Anim. Behav. Sci. 103 (2007) 105-117

v. Reinhardt, C., Scholz, M. 2004
    „Calming Signals Workbook"

EIGENE NOTIZEN

EIGENE NOTIZEN

EIGENE NOTIZEN

GLÜCKSMOMENTE
Vier Pfoten und zwei Beine auf der Suche nach dem Glück

Jörg Tschentscher, Clarissa v. Reinhardt
mit einem Vorwort von Marc Bekoff

„Ich denke, dass der Sinn des Lebens darin besteht, glücklich zu sein." Dieses Zitat stammt von seiner Heiligkeit, dem 14. Dalai Lama und wahrscheinlich dachte er an Menschen, als er es aussprach. Aber was ist mit den Tieren? Haben nicht auch sie ein Recht darauf, glücklich zu sein? Streben sie danach und wie sieht Glück für sie aus? Und was können wir tun, um sie glücklich zu machen? Während sich das manch ambitionierter Hundehalter fragt, gibt es bis heute Wissenschaftler, religiöse Führer und Philosophen, die Tieren die Fähigkeit, glücklich zu sein entweder gänzlich absprechen oder auf die Erfüllung von Fress- und Laufbedürfnis, das Spiel mit Artgenossen und die freundliche Fürsorge durch ihr Herrchen oder Frauchen beschränken.

Jörg Tschentscher und Clarissa v. Reinhardt gehen diesen spannenden Fragen nach und geben dabei ganz praktische Tipps, wie Mensch und Hund sowohl zum individuellen als auch zum gemeinsamen Glück finden.

Softcover mit Klappen, 87 Seiten, mit zahlreichen farbigen Abbildungen/ Fotos
ISBN 978-3-936188-59-2

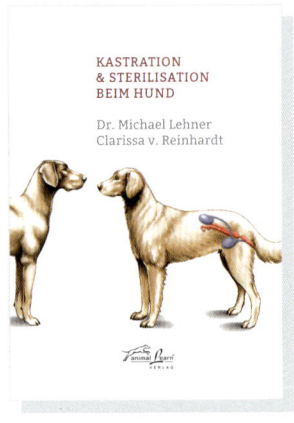

KASTRATION & STERILISATION BEIM HUND

Dr. Michael Lehner, Clarissa v. Reinhardt

Dr. Michael Lehner und Clarissa v. Reinhardt, die seit mehr als 20 Jahren erfolgreich in der Tiermedizin, der Verhaltenstherapie und dem Tierschutz tätig sind, haben eine Studie zum Thema durchgeführt, deren Ergebnisse hier erstmals veröffentlicht werden und zahlreiche Theorien widerlegen, die in den vergangenen Jahren rund um das Thema Kastration/ Sterilisation aufgestellt wurden.

Weiterhin tragen sie in diesem Buch alle Informationen zum Thema zusammen, um dem interessierten und verantwortungsvollen Hundehalter einen umfassenden Einblick ins Thema zu geben, der die Basis für die Entscheidung pro oder contra Kastration/ Sterilisation bilden kann.

Hardcover, 136 Seiten, mit zahlreichen farbigen Abbildungen
ISBN: 978-3-936188-63-9

STRESS BEI HUNDEN

Martina Scholz, Clarissa v. Reinhardt
mit einem Vorwort von Anders Hallgren

Stress bei Hunden – ein Thema, das immer mehr an Bedeutung gewinnt. Die Autorinnen zeigen in ihrem Buch, dass Stress nicht nur bei Menschen, sondern auch bei Hunden die Lern- und Konzentrationsfähigkeit erheblich beeinflusst und sogar zu Verhaltensauffälligkeiten und Krankheiten führen kann.

Das Buch behandelt u.a. folgende Themen:
- Definition: was ist eigentlich Stress?
- Stressfaktoren – wodurch wird Stress beim Hund ausgelöst?
- Anzeichen und Auswirkungen von Stress
- Möglichkeiten, Stress abzubauen und zu vermeiden

Anhand von Fallbeispielen zeigen uns Martina Scholz und Clarissa v. Reinhardt, wie wichtig der Aspekt Stress im täglichen Umgang mit dem Hund ist und was wir tun können, um Konfliktsituationen zu entspannen oder zu vermeiden.

Hardcover, 152 Seiten, mit zahlreichen Farbfotos und Fallbeispielen
ISBN: 978-3-936188-04-2

ANGSTHUNDE
Definition • Diagnostik • Management • Trainingsansätze

Bettina Specht

Traumatische Erfahrungen und/ oder mangelnde Sozialisation können dazu führen, dass ein Hund übermäßig starke Ängste entwickelt. Die Lebensqualität dieser Hunde und ihrer Halter ist deutlich eingeschränkt. Bettina Specht klärt in ihrem Buch zunächst die Bedeutung der verschiedenen Begrifflichkeiten. Was versteht man unter Furcht, Angst, Ängstlichkeit, Trauma usw.? Was ist eine Panikattacke und was unterscheidet sie von einer Phobie?

Darüber hinaus beschreibt sie ausführlich, welche Maßnahmen eingeleitet werden können und worauf zu achten ist, wenn ein Angsthund in unser Zuhause einzieht. Im Vordergrund stehen dabei, das Selbstvertrauen des Hundes und sein Wohlbefinden zu stärken, das Vertrauen zu uns Menschen zu steigern und eine positive Erwartungshaltung zu fördern.

Hardcover, 136 Seiten, mit zahlreichen farbigen Abbildungen
ISBN: 978-3-936188-68-4

VERLAG

Über Hunde lernen,
von Hunden lernen –
über Hunde lesen!

Besuchen Sie uns im
Internet unter
www.animal-learn.de
oder fordern Sie kostenlos
unser Verlagsprogramm an.

animal learn Verlag
Am Anger 36
D-83233 Bernau

Telefon +49(0)8051/96171-0
Telefax +49(0)8051/96171-17
animal.learn@t-online.de